前　言

画意摄影已有100余年的历史。进入数码时代，画意摄影获得了新的生命和发展机遇。

数码时代的画意摄影，即运用数码图像处理软件，将照片依照绘画的技法形式，制作出富有各种绘画基本艺术特征的摄影作品的艺术形式。它归属"艺术摄影"类别，源自数码摄影素材，而输出绘画的视觉效果。它是对数码影像的再创作。

本书所称的"图谱"，即以绘画艺术的理念和技法为指导，以图像处理软件的截图和文字解说为参照，是系统地介绍创作各种体裁（绘画艺术3大类10个画种）的画意摄影作品基本技法的普及性教本。

本书是摄影爱好者自学画意摄影创作方法及其相关PS操作的工具书。本书满足初学者的学习特点与需求，提供自学的案例，采用通俗的语言，展示详尽的步骤，图解操作的手法，图文并茂、浅显明了、循序渐进地传授画意摄影的创作思路及其手法。书中的所有案例已由诸多初学者"按图索骥"地进行了实践验证，故具有较强的操作性和实用性。

如果您对画意摄影感兴趣，只要拥有数码相机和电脑，并安装一款Photoshop数码图像处理软件（CS5、CS6、CC版本均可），即可在"图谱"的引领之下，游弋于摄影与绘画两大艺术领域之间，充分享受跨界创作的愉悦，而以往的对数码后期技术难度的畏惧感也将消解殆尽。

数码图像处理软件功能强大，故本书中的案例未必是最好的，旨在抛砖引玉。作者寄厚望于广大的摄影爱好者批评指正，并创作出更加优秀的画意摄影作品。

作　者

目 录

画意摄影图谱

——让摄影走近绘画

李振宇　赵晓航　著

中国摄影出版社

China Photographic Publishing House

荷色羅裙

作于乙未初夏
時年六十有四老丁丁

水墨画 《荷色罗裙》　　　　　　　　　　　　　原 图

月圆夜归图
作于丁酉中秋 如烟

原 图　　　　　　　　　　　没骨画 《月圆夜归图》

写意画 《山水闻弦图》   原 图

原 图 　　　　　　　仿古画 《儒生论道》

工笔画 《苗寨迎宾曲》

苗寨迎宾曲

原图

设色画 《攀枝献桃》　　　　　　　　　　原　图

原 图 素描画 《陕北老汉》

水彩画 《桃源野渡》   原 图

油画 《雍布拉康》

原 图

版画《梯田曲线》

原 图

第一章

数码技术与画意摄影创作

画意摄影作为一种具有独特魅力与美学价值的艺术形式，自创立至今已经走过了漫长的160多年的历史征程。其间，先驱者们为了实现"让摄影走近绘画"的目标，于胶片时代探索了130多年，虽有创见与成果，但受制于诸多技术性限制而终无突破性进展。

正像蒸汽机的发明引发了18世纪的工业革命一样，数码图像技术自从20世纪90年代初进入市场以来，虽然只有短短的20多年，但它已经为画意摄影创作实现创新发展提供了崭新的理念和完备的技术，从而激发起了更多的爱好者重启"让摄影走近绘画"征程的热忱。

毋庸置疑，摄影最本质的特点是记录性，但同样不可否认的是画意摄影的发展在摄影争取艺术地位的道路上发挥了重要的作用。即使在当下，将摄影作为艺术创意手段者不胜枚举，尤其是相当多的中老年摄影爱好者热衷于"让摄影走近绘画"。

第一节 胶片时代画意摄影创作的历史性局限

说到数码技术对于画意摄影产生的巨大影响力，我们有必要简要了解一下胶片时代画意摄影的创立及其发展概况，以期在相互对比中把握这种艺术形式的特征及其进入数码时代之后的发展状况。

谈起胶片时代画意摄影的创立和发展，不得不提到两个人。一位是在 160 年前创立画意摄影艺术流派的奥斯卡·古斯塔夫·雷兰德（Oscar Gustave Rejlander，1813—1875），另一位是于 80 多年前将中国画艺术元素融入画意摄影作品之中而开创"集锦摄影"的郎静山（1892—1995）。

奥斯卡·古斯塔夫·雷兰德，原籍英国，生于瑞典，早年从事绘画，1853 年转行摄影。1857 年，雷兰德在曼彻斯特艺术珍品展览会上展出了他的多底叠放摄影作品《两种人生》。这是一幅 16×31 英寸的照片。在摄制过程中，雷兰德用了 16 个以上的专业模特，30 张底片拼放叠印，耗时数周方才成功。这张具有文艺复兴风格的摄影作品在展出时引起了极大轰动，获得了社会舆论的普遍赞赏，而他也被称为"艺术摄影之父"。

《两种人生》

我们在充分肯定与赞美雷兰德艺术创意的同时，也可以想见：在当时"银版照相机"阶段的技术条件下（曝光时长30分钟左右），从事画意创作的艰辛。

首先是前期拍摄中的烦劳与付出：寻找符合作品题材特点的固定场所与道具；摸索在变换的光线条件下的曝光量及相对一致的投射角度；构思众多人物的恰当位置及其视觉关系；分批次地雇请模特并指导他们的摆姿与表情；设置辅助光源并调试位置与亮度。

更为繁琐、细腻而艰难的步骤还在于暗房中的后期制作：正确的显影和定影；拼、放、叠、印中难以计数的反复尝试。

上述诸多环节中，只要出现一处失误或缺陷，必须重复前期拍摄或后期制作的相应步骤。即使创作过程一切顺利，也只能获得唯一一张照片。

《春树奇峰》

当时光进入20世纪30年代，人们便可以使用内装微粒胶卷甚至彩色胶卷，拥有双镜头、重合测距器、金属幕帘快门、硒光电池曝光表的反光照相机了，而且已经使用上了胶片放大机。但是在画意摄影后期创作时，也还只能使用十分简陋的自制工具来遮挡漏光等。

郎静山，浙江兰溪游埠镇郎家村人，生于江苏淮阴，从小受到了艺术的熏陶，并学会了摄影原理、冲洗和晒印技艺。他借鉴传统绘画艺术的"六法"，潜心研习，加以发挥，摄制了许多具有中国水墨画韵味的风光照片，自成一种超逸、俊秀的风格。1934年，他的第一幅采用"多底合成"手法创作的集锦摄影作品《春树奇峰》被英国摄影沙龙选中。从此，郎静山创立的集锦摄影，在世界摄坛独树一帜。

可以看出，即使郎静山先生持有了比雷兰德先进的拍摄设备，但是后期画意创作的思路和手法却没有根本性的改进。

两位画意摄影的先驱者在摄影棚和暗房里遵照绘画的理念、模仿绘画的形式，通过后期加工的办法追求摄影画面的美感效果，开启了"让摄影走近绘画"的征程，为画意摄影艺术的发展奠定了宝贵的基石。但无论是雷兰德的"拼放叠印"，还是郎静山的"多底合成"，他们的创作活动均受制于历史性的技术门槛，致使后期创作手法单一、工序烦琐、耗费时日。

多年来，画意摄影静静地等待着新的生机。

第二节 数码后期技术为画意摄影创作开辟新路

画意摄影创作实现创新性发展，缘于 20 世纪计算机、数码相机和数码后期技术的运用。

1975 年，美国伊士曼柯达公司（Eastman Kodak Company，简称柯达公司）设计出首部数码相机和回放系统，1990 年推出了 DCS100 电子相机，并首次在世界上确立了数码相机的一般模式，从此之后，这一模式成为业内标准。

1992 年，美国奥多比（Adobe）公司研发的数码图像处理软件 Photoshop 率先上市，经过 20 多年的市场追踪和技术完善，目前已升级到 CS6 和 CC 版本。数码相机、计算机和以 Photoshop 为代表的诸多数码图像处理软件的问世及普及，为画意摄影实现革命性的创新提供了工具与可能性。

一、丰富的创作手段开阔了画意摄影的创作思路

胶片时代的画意摄影创作手段较少，不得不受制于原片景物的形状、结构、影调和色调等苛刻条件，从而严重制约了作者的创作思路。

进入数码时代以后，作者可以根据创作意图，随意地改变原片的格式、尺寸、影调和色调，也可以调整画面中景物的形状、色彩、背景和肌理，还可以去除或挖掘局部景物细节，或者将多张数码照片予以叠加与融合，甚至使用相关工具直接在画面中添加创作元素。

下例中，作者使用图像处理软件中的"自由变换"命令改变了原片中景物的形状和画面的尺寸比例；使用"可选颜色"命令改变了原片的色调和影调；使用"移动工具"添加

《归心图》（仿古画效果）　　　　　　　原图

了人物与飞雁；使用"滤镜 > 杂色"命令营造出了古画特有的质地与肌理。

二、便捷的软件工具提高了拍摄素材的创作价值

数码图像处理软件功能强大，工具便捷。对于艺术摄影创作而言，只要具有相应的基础素材，确立鲜明的创作意图，那么基本上可以不受原片的限制，创作出"只有想不到，没有做不到"的影像。

相信许多摄影爱好者的电脑和U盘里存储着大量"鸡肋"式的"过时"照片。如果它们具有绘画的元素，且我们掌握了数码后期技术，则完全可以让它们以崭新的艺术形态获得"新生"。

下例中，素材图片是一张貌不惊人的风景照，笔者认为可利用的创作元素是山体的丰富层次，具有纵深感。但是缺陷也很明显：山体缺乏高耸之势，画面中没有"明意"的陪衬或点缀物，所以是一张没有意境的照片。

通过思考，笔者使用相关软件工具，添加了寺庙、栈道、小桥、瀑布和人物，为主题"入寺"作铺垫；将山体变换为高耸状，并打造出重峦叠嶂、悠远空灵、泉声溢画、虔诚依佛的意境，由此把"灰姑娘"变成了"白雪公主"。

《入寺听泉声》（水墨画效果）　　原 图

三、强大的软件功能丰富了画意摄影的作品体裁

胶片时代的画意摄影作品，只是在画面结构和色调方面接近于绘画，而且作品体裁以水墨画为主。

绘画的"题材"一般以内容区分，如人物画、花卉画等；而绘画的"体裁"一般以不同的"技法形式"来分类，如工笔画、写意画等。因此，要想丰富画意摄影作品的体裁，需要功能强大的软件工具与各个画种的技法形式相对接。下面以国画中的水墨画和西洋画中的油画作品加以说明。

作者创作的水墨画　　　　局部洇化效果

水墨画的主要技法，讲求"墨分五色"的用墨技巧和水墨洇化于宣纸之上的视觉效果。在创作中，笔者运用"移动工具"和图层"叠加"模式添加了宣纸质地和肌理；使用"色阶""阴影/高光"命令，形成墨色的黑、灰、白影调结构；使用"喷溅""模糊"滤镜和"涂抹工具"，体现出笔触及其洇化效果。

再来看看油画。

作者创作的油画

局部立体质感和笔触

油画的主要技法特征是：色泽鲜艳、具有立体质地感。创作时，作者使用移动、叠加工具，添加油画的"肌理"；使用饱和度、色阶工具，丰富与强化画面色彩；使用滤镜的干画笔、绘画涂抹、浮雕、木刻等工具，展现油画的立体质感和笔触。

四、简易的创作条件实现了由"物理暗房"到"数码暗房"的革命性转变

在胶片时代创作一幅画意作品，需要在前期拍摄环节等候、选择最佳的光线与景物结构，然后在传统的"物理暗房"中利用放大机、洗印机将若干张底片拼合、取舍与叠印等，如要验证画面结构、曝光程度是否恰当，只能通过显影、定影液冲洗出照片之后才能知晓。

而在数码摄影时代，创作者只需一台电脑和一款数码图像处理软件，即可轻松、即时、反复地调整、修饰画意作品，并最大限度地表现绘画的技法、笔触和肌理。

下面这幅画意作品，笔者只用了 1 个小时便完成了。

《大好河山》（综合技法）

有些人很关心创作一幅画意摄影作品所需的时间。首先要说明，画意摄影是一种创作行为，怎样使画面表现出心中的"意"，需要斟酌、构思，然后才是方法和工具的使用，表达意境是不能量产的。

原图（金山岭长城）

第三节 数码后期技术提升了画意摄影的美学价值

通过多年来画意摄影的创作实践，笔者对画意摄影的美学价值具有如下认知：

一、弥补画面缺失，升华创作主题

随着数码拍摄的普及，现在获得一幅影像越来越容易，而从美学价值上而言的废片也就越来越多，但换一个角度考虑，这些所谓的"废片"可以成为二次创作的素材。

以如下拍摄于坝上草原的风雪骆驼队图片为例。该片如若以惯常的评判标准衡量（对焦清晰、曝光适度等）是应该被废弃的，但是作者敏锐地发现，这是一幅求之不得的写意画的绝好素材，且极具意境，可以充分表现骆驼顽强的生命力和放牧人坚韧不拔的性格。

《疾风舞雪图》（写意画效果）　　　　　　　　　　原图

二、排除视觉干扰，凸显作品主体

往往在拍摄现场，作者想要表现和突出的主体会被湮没在周边杂乱的环境之中。以如下江南小镇图片为例。原片的精华是画面左下角在街头吃饭的人，他的动作将观众的视线引向作者期望的方向。但该片的致命问题是画面杂乱，严重干扰了作者想要表达的核心内容。

为了排除视觉干扰，凸显作品主体，作者创作了一幅淡彩画，将作者主观强调的部分用淡彩凸显，而采用晕化、去色的手法淡化杂乱的环境。

《古巷风情》（淡彩画效果）　　　　原　图

三、突出景物特征，增强艺术美感

摄影人总是期望能够拍摄出画面主体的质感与美感，但往往因为现场光线、角度的限制而无法实现。

以如下古北水镇古建筑图片为例。原片的内容结构是不错的，但缺少建筑物墙壁的凹凸质感，色彩也平淡。为了增强艺术美感，作者选择了能够凸显景物质感和强化色彩的版画形式来表现水镇的风采。

《古巷风情》（版画效果）　　　　原　图

四、综合艺术手法，营造美学意境

大部分摄影人对于光线条件的追求是锲而不舍的，但现实却是"不如意者，十之八九"。

掌握了画意创作思维与手段之后，即使光线乃至色彩较差，但只要具备"绘画元素"，还是可以创作出佳作的。以如下广东肇庆七星岩图片为例。该片虽然没有理想的光线和色彩，但是不缺少绘画元素。为了营造美学意境，作者采用剪裁、添加点缀与噪点、改变色调和作品形态等多种手法，创作出以下富有意境的仿古画。

《泛舟赏春图》（仿古画效果）　　　　　　　　　　原　图

五、利用多种素材，拓宽创作领域

将多种创作素材中的画面要素予以叠加，拼合为一幅崭新的作品，是画意摄影创作的强项，由此可以摆脱此时此景中缺乏画面要素的束缚，极大地拓宽创作领域。

下例中，将不同创作素材中具有相同文化元素的部分予以叠加，并选用对应的画种予以表现，是运用叠加技术创作画意摄影作品的基本要领之一。

《瑶宫秋扇图》（绢本设　素　材　　　　　素　材
色，仿古画效果）

六、降低准入门槛，普及高雅艺术

绘画历来被归入高雅艺术范畴，而绘画语言是以可视形象来反映客观事物的，所以绘画的第一道基本功便是"造型能力"，不具备这个能力等于没有绘画语言。该基本功主要通过学习素描，提高对形象的轮廓、明暗、层次、透视等方面的描绘能力，以期对客观事物进行准确的刻画。

这道门槛不知道挡住了多少试图进入高雅艺术殿堂的人！而在数码技术的支持下，这道令人生畏的准入门槛被大大降低了，因为数码照片已经把主体的轮廓、明暗、层次、透视等画面要素真实地反映了出来，创作者只需在创作时把握住素描画的基本技法，然后运用数码技术便可以轻松地创作出素描画来。

《俄罗斯船模》（素描画效果）　　　　　　　　　素 材

综上所述，画意摄影创作手法和数码后期技术已经具备了推广、普及的条件。对于摄影爱好者来说，通过电脑后期手段创作画意摄影作品，值得探索，且其乐无穷。

第四节 数码后期创作的工具准备及相关说明

"工欲善其事，必先利其器。"进入创作阶段之前，首先介绍计算机硬件、软件的准备，以及本书的编辑体例和需要说明的几个共性问题。

一、工具准备

（一）数码相机

画意摄影的创作对数码图片的像素要求不高，一般而言，图片的长边在 3000 像素左右即可，因此普通的数码相机完全可以胜任。有的画意摄影爱好者甚至使用手机拍摄，也能够创作出高水准的画意摄影作品。

（二）计算机的配置

现在的计算机，无论台式机还是笔记本电脑，已经普及到千家万户了，只要是三五年以内购置的机器，且安装了 Photoshop（CS5、CS6、CC 等版本均可）图像处理软件，都可以进行画意摄影的后期创作。

需要注意的是，有些老旧的显示器存在色调或明暗的差异，也有些经常使用计算机的用户为了保护眼睛降低了显示器的对比度和亮度，导致调整出来的画面在影调或色调上失真，所以一定要将显示器校正或恢复到标准设置（在 Windows 的"控制面板"中设置）。

（三）软件工作界面介绍

本书展示的工作界面截图是 Photoshop CS5 版本。该版本软件的诸多工具均隐含在各个不同的区域中，因此，有必要了解并熟悉它的工作界面，以便按照本书的截图与文字指引快速找到相应的工具。

Photoshop 各个版本的工作界面大体相同，对于个别工具界面位置的差异及不同使用方法，作者在相应操作步骤中均有提示与说明。

Photoshop CS5 工作界面

（四）图像处理软件在使用前的必要设置

画意摄影的后期制作不同于一般照片的修饰，在调整过程中会占用大量的内存空间，并使计算机运行速度下降，因此在创作之前要对 Photoshop 的 "编辑 > 首选项" 进行设置：

1. 打开 Photoshop 图像处理软件，执行 "编辑 > 首选项 > 常规" 命令，出现 "首选项"

对话框，设定"图像插值"为"两次立方"，勾选"用滚轮缩放"，以便于在操作中查看修图效果。

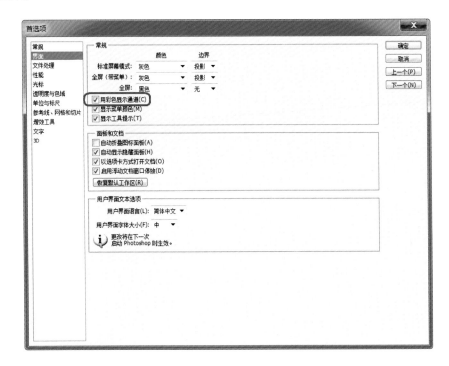

2. 在"首选项"对话框中，点选"界面"，在"常规"选项卡中勾选"用彩色显示通道"。

3. 在"首选项"对话框中，点选"文件处理"，在出现的"文件兼容性"选项卡中做如下设定：

（1）勾选"对支持的原始数据文件优先使用 Adobe Camera Raw"。

（2）点击"Camera Raw 首选项"按钮，在弹出的"Camera Raw 首选项"对话框中，做以下两项设置：

①点选"JPEG 和 TIFF 处理"选项卡中的"自动打开所有受支持的 JPEG"选项。此选项打开后不管是 JPEG 还是 RAW 格式的照片，都可以进入 ACR 进行调整；如果不太熟悉 ACR，也可以点选"禁用 JPEG 支持"。

②点击"Camera Raw 高速缓存"选项卡的"选择位置"按钮，弹出"选择高速缓存文件夹"对话框。此时，建议读者点选电脑中空间剩余最大的磁盘，一定要避开安装软件的磁盘，以免影响电脑的运行速度。

完成上述两项设置后，点击对话框右上方的"确定"按钮。

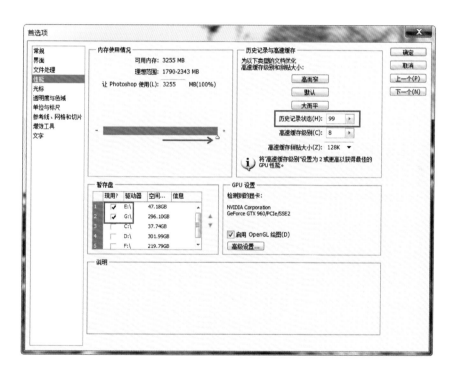

4. 在"首选项"对话框中，点选"性能"，随后做如下设定：

（1）在"内存使用情况"选项卡中，拖动滑板的滑块，设定"让 Photoshop 使用"为 100%。

（2）在"历史记录与高速缓存"选项卡中，分别选择"高而窄""默认""大而平"，"历史记录状态"设定在 50—150 之间，"缓存级别"设为 8，"高速缓存拼贴大小"设为 128K。

（3）"暂存盘"选项卡中的选项，根据电脑各磁盘剩余空间的大小依次点选。

说明："历史记录状态"是图像处理软件每一步操作的记录，如果数值设置得很小，当操作步骤大于设置的数值时，最早的操作记录就会丢失；如果数值设置得很大，计算机运行时将占用很大的内存空间，直接影响到计算机的运行速度。解决这对矛盾的方法就是正确设置暂存盘和合理地使用内存。

为了普及画意摄影的创作方法，笔者最大限度地使用 Photoshop 自带的插件及工具。有时为了增加作品的逼真度和趣味性，使用了不是软件自带的笔刷、点缀物、肌理等，而这些都是从网上免费下载的。如果读者感兴趣，可以到"PS 家园网""我要自学网""PS58联盟"等网站寻找素材和工具，里面也有很多免费教程可以学习。

二、本书的编写及使用方法

1.为了增强绘画艺术的理论、规则和手法对画意摄影创作的指导，并实现数码后期功能与绘画艺术特征两者在创作活动中的对接，笔者依据绘画的技法形式对画意摄影作品的体裁做了分类，即中国画分为工笔、写意、设色、水墨、没骨、仿古画；西洋画分为素描、水彩、油画，另外还有独具艺术特征的版画，共计 3 大类绘画 10 个画种。因此，本书体现了画意摄影创作的艺术性和画意摄影体裁的多样性。

2.为使画意摄影创作尽可能接近各种绘画的艺术特征，以提高作品的艺术水准，作者在展开叙述每个画种的创作方法前，将首先介绍该画种的"定义"及其"技法形式"，以期为创作活动提供指导。

3.本书采用软件截图与文字叙述相结合的方法，引领读者完成每一幅例片的创作步骤。此外，在每一幅例片的创作步骤结束之后，作者均以"**基本创作思路与手法**"的形式勾勒、概括出该节内容，以期给予读者一个清晰的轮廓与脉络。

4.除截图与文字外，笔者在相应的图例旁边，用以下两种形式交流、解读作者积累的实践经验、体会和软件工具使用的"小窍门"等。

素材与拍摄：介绍创作该画种所需的最佳照片的要素，以及在前期拍摄时应当掌握的技巧。

小贴士：介绍相关"知识点"和软件工具使用技巧。

5.作者在网络云盘（见封底左上角云盘二维码，读者须电脑下载安装注册百度云盘，并通过微信扫码将其中内容"保存到我的网盘"后下载使用）中提供了书中使用的所有创作素材的原始照片，以供读者参照使用。

三、创作实践中的几个共性问题

1.Photoshop图像处理软件功能强大、工具繁多，这就决定了实现图像处理效果的工具、路径、步骤的多样性和可选性。为此，本书中交流、介绍的使用工具和操作方法只是实现创作意图的"其一"而不是"唯一"，只是起一个抛砖引玉的作用。

2.后期制作中，经常需要调整某工具的参数值（如"色阶"等）。对此，作者不赞同对"数值"做出统一、刻板的限定。理由是：第一，每张数码照片的拍摄参数、时间、场景、角度、光线都有所不同，不可能具有统一的调整数值。第二，每个人的创作意图、审美尺度均有差异。第三，目前安装在电脑或手机上的"一键式"修图、修饰软件，就是因为设定了参数跨度较大且相对统一的调整数值，而难以创作出符合个人意图的高质量的艺术作品。为此我们建议：在创作实践中，应反复观察不同数值的调整效果，以及相似工具或类似滤镜与该画种艺术特征的吻合程度，进而在合理区间内找到最佳点。

第二章

中国画画意摄影创作

既然我们想"让摄影走近绘画",那么就有必要大体了解该类绘画的艺术特征,以便在后期创作中做到"心中有画"。

国画,即用水墨或颜料在宣纸、宣绢上的绘画,是东方艺术的主要形式。从美术史的角度讲,国画于民国前统称为"古画"。国画在古代无确定名称,一般被称为"丹青",主要指的是画在绢、宣纸、帛上并加以装裱的卷轴画;近现代以来,为区别于西方的油画(又称西洋画)等外国绘画而称为"中国画"(简称"国画")。它依照中华民族特有的审美趋向所产生的艺术手法而创作。

中国画在内容和艺术创作上,反映了中华民族的民族意识和审美情趣,体现了古人对自然、社会及与之相关联的政治、哲学、宗教、道德、文艺等方面的认识。中国画强调"外师造化,中得心源"和深厚的传统文化内涵,要求"意存笔先,画尽意在",达到以形写神、形神兼备、气韵生动。由于书画同源,两者在达意抒情上都强调骨法用笔,因此绘画同书法、篆刻相互影响,相互促进。中国画具有"诗、书、画"等中华民族文化特征,这也是中国画的根本。

中国画依题材可分为人物、山水、界画、花鸟、走兽、虫鱼等画科,技法形式可分为工笔、写意、勾勒、没骨、设色、水墨等,表现手法可分为皴擦点染、干湿浓淡、虚实疏密、阴阳向背、留白等。本章将中国画中的6个画种按照从易到难的顺序,展开其创作步骤与方法的介绍。

《富春山居图》[元代画家黄公望（1269—1354）为郑樗所绘，以浙江富春江为背景。全图用墨淡雅，山和水的布置疏密得当，墨色浓淡干湿并用，极富变化，是黄公望的代表作，被称为"中国十大传世名画"之一]

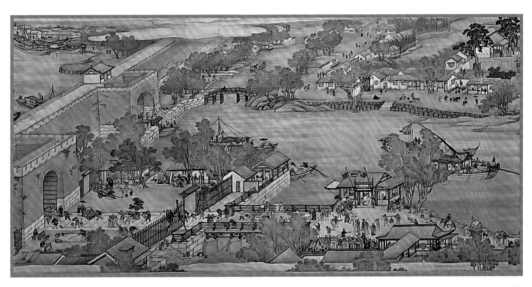

《清明上河图·局部》[作者为北宋画家张择端（1085—1145），擅画楼观、屋宇、林木、人物，所作
风俗画市肆、桥梁、街道、城郭刻画细致，界画精确，豆人寸马，栩栩如生，为我国古代的艺术珍品]

第一节 水墨画

　　水墨画是绘画的一种形式，更多时候被视为中国传统绘画，也就是国画的代表。基本的水墨画，仅有水与墨，但进阶的水墨画，也有工笔花鸟画，色彩缤纷。

　　墨法要求墨分五色，浓、淡、干、湿、焦。墨色要注意黑、白、灰的安排：黑，就是浓墨；灰是淡墨；白是白纸，是空间。

《我的乡亲》（李振宇作）　　　　　　　　原 图

原　图　　　　　　　　　　《驾驭》（赵晓航作）

《柔波劲节》（赵晓航作）

原 图

创作实例详解

例一 山水画

效果图

原 图

素材与拍摄

　　创作水墨画（包括写意画和没骨画），需要影调柔和自然、层次丰富的素材照片，而对清晰度要求不高。

　　水墨画轻于线条而重在神似与蕴意，对笔墨的要求颇高：下笔要与物象浑然一体，笔墨腴润苍劲，干笔不枯，湿笔不滑，重墨不浊，淡墨不薄，层层递加，墨越重而画越亮，画不着色而墨分五彩。

　　应避免创建影调生硬、反差过大、暗部没有细节的照片，而是要创建对比度自然的照片，在画意摄影作品中展现中国画丰富的笔墨、笔触和肌理。

前期拍摄可采用的办法有：

1.相机设置。使用 RAW 格式，尽量降低 ISO，采用"矩阵测光"模式，将"动态 D-Lighting"（动态范围）设置为"高"或"极高"。对于珍贵的拍摄资源，如条件允许，可采用"包围曝光"或直接拍摄 HDR 照片。

2.选择与使用光线。笔者的体会，在雨、雾、阴的天气条件下产生的散射光便于创建对比度自然、影调柔和的照片；如若在高对比度场景拍摄，建议采用"点测光"模式，以主体的中灰部作为测光点。

后期创作步骤如下（后面创作实例详解均不再涉及前期拍摄方面的提示，将直接进入后期创作步骤演示）：

01. 打 开 Photoshop CS（CC）软件，执行"文件＞打开"命令，选取例片。

02. 执行"图层＞复制图层"命令，在弹出的对话框中点击"确定"按钮(或右击"图层"面板中的"背景"图层，在弹出的菜单中选择"复制图层"，点击"确定"按钮；或按快捷键 Ctrl+J 复制图层，下同)，生成"背景 副本"图层。选择"裁剪工具"，调整裁剪框大小后双击鼠标左键确定，然后执行"图像＞调整"命令，分别调整"色阶""对比度"和"饱和度"，为处理成较高质量的黑白片打下基础。图中蓝色箭头表示"复制图层"的两种方法，可任意选用一种。

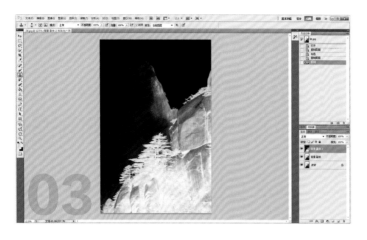

03. 执行"图像 > 调整 > 去色"命令，然后仕"图层"面板上右击"背景"图层，在弹出的菜单中选择"复制图层"，点击"确定"按钮，生成"背景 副本 2"图层。

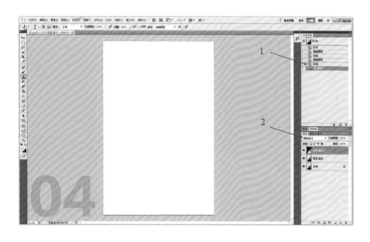

04. 执行"图像 > 调整 > 反相"命令。在"图层"面板中，将"背景 副本 2"图层的"图层混合模式"设为"颜色减淡"。"图层混合模式"有 6 大类选项，每类下还有若干小选项，它们虽然采取相似的计算方法，但效果却大相径庭，故操作时可根据不同的画种及其艺术特征而选定。

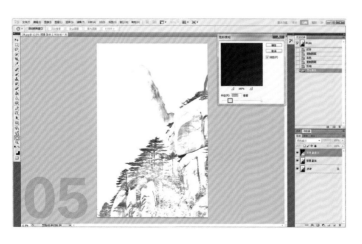

05. 执行"滤镜 > 模糊 > 高斯模糊"命令，在弹出的"高斯模糊"对话框中向右拉动"半径"滑块以选择适当的"像素值"（数值越大，线条越粗），后点击"确定"按钮。

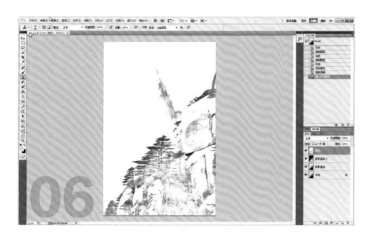

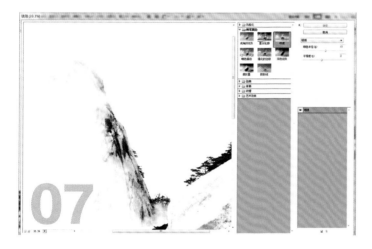

06. 按快捷键"Ctrl+Shift+Alt+E"盖印可见图层，然后微调"色阶"。

"盖印可见图层"与"合并图层"的区别是：前者是生成新的图层，而被合并的图层依然存在，不发生变化，这样的好处是不会破坏原有图层，如果对盖印图层不满意，可以随时删除掉；而后者是将所有图层合而为一。

07. 执行"滤镜＞画笔描边＞喷溅"命令，可适度调整对话框中的"喷溅半径"和"平滑度"，以达到理想的画面洇化效果，后点击"确定"按钮。选择"橡皮擦工具"，在工具属性栏中适当调整工具的像素"大小""不透明度"和"流量"，在草木、山缝等不需要喷溅的地方涂抹，以恢复原状。

08. 选择"加深工具"或"减淡工具"，在工具属性栏中调试该工具的笔刷"大小""硬度""曝光度"等，然后依照水墨画的黑、白、灰结构及艺术特征，分别在画面中的松树、山体背阴处和云雾区域涂抹。

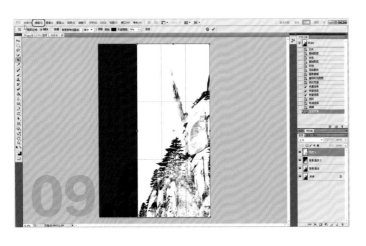

09. 执行"编辑>自由变换"命令(注意使用"自由变换"必须在"复制图层"的基础上进行,否则该工具无法使用),将左侧"锚点"向右推至适当位置,形成竖幅国画的形式,后双击鼠标左键确定。选择"裁剪工具",拖动光标裁剪图像,将调整后的图像覆盖,双击鼠标左键确定。

该步骤也可以通过执行"图像>图像大小"命令,在"图像大小"对话框中取消勾选"缩放式样"和"约束比例"选项,设置图像宽度、高度数值,实现恰当的画幅比例。

由于每个人的审美观、空间感都有不同,故使用哪种方法可由读者自定。

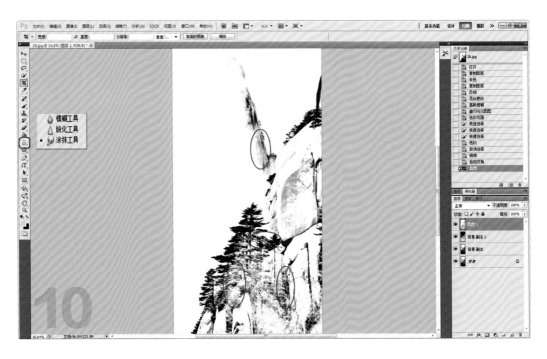

10. 使用鼠标滚轮或快捷键"Ctrl+ +/−"放大或缩小画面。选择"涂抹工具",在工具属性栏中将笔刷"大小"设为 5—15PX,"强度"设为 20—30,沿树枝、树干、山缝的纹理方向细致涂抹,以模仿出中国画独特的"皴法"。

执行"图层 > 拼合图像"命令，然后添加题跋、钤印（方法见"参考资料一"，下同）。

最后执行"文件 > 存储为"命令（或者按快捷键"Ctrl+Shift+S"），在弹出的"另存为"对话框中的"文件名"栏中输入作品名称，"格式"一般选择"JPEG"选项。如果出现"PSD"文件名的后缀，一般是没有执行"图层 > 拼合图像"步骤所致。选择存储位置后点击"保存"按钮。

小贴士

"皴法"是中国山水画的重要技法之一。它是根据绘画表现的各种景物的不同结构和状态，为彰显其脉络、纹路、质地、阴阳、凹凸、向背，加以概括而创造出来的表现方式。其种类都是以景物各自的形状而命名的，如锤头皴、劈麻皴、乱麻皴、芝麻皴，等等。

在后期画意摄影作品创作中，模仿"皴法"的笔触效果，可以使作品更贴近绘画的艺术效果。

基本创作思路与手法

去色，实现水墨画的色调→反相、模糊，实现水墨画黑灰白的色调结构→喷溅，显现水墨画洇化效果→自由变换，凸显主体气势并形成国画的理想尺幅→涂抹，体现水墨"皴法"。

例二　花鸟画

效果图

原图

01. 执行"文件 > 打开"命令，调取图片，在"图层"面板上右击"背景"图层，在弹出的菜单中选择"复制图层"，点击"确定"按钮，生成"背景 副本"图层。选择"裁剪工具"，将原横幅照片调整为竖幅。

02. 执行"图像 > 图像大小"命令，完成以下两步操作：第一，在弹出的"图像大小"对话框中勾选"约束比例"，在"像素大小"栏中将原片的长边设为1500—2000像素；第二，取消"约束比例"，然后适当减小图像"宽度"数值，使画面主体整体拉高，体现山鹰振翅的张力和威猛的气势。

执行"图像 > 调整 > 色阶"命令（或快捷键"Ctrl+L"），向左侧拖动高光区域滑块，以清除背景杂色，再微调中间调滑块，增加羽翼阴影部分的层次。

小贴士

高像素对色彩的解析和明暗的过渡至关重要，是所有相机厂商都在追求的目标，但在创作画意摄影作品（水墨、没骨、写意、设色画等）时，较高的像素会严重阻碍滤镜效果的发挥，故应适度降低原片的像素。

03. 选择"仿制图章工具"，依眼神大小与亮度在工具属性栏的相关选项中设定工具的"大小""不透明度"和"流量"，按住键盘上的"Alt"键，选择图像中与画面主体山鹰的眼神光亮度及颜色相近的位置后单击左键，由此选定仿制的源图像，然后按住鼠标左键在山鹰眼睛处涂抹，以强化眼神光。

04. 按快捷键"Ctrl+Shift+Alt+E"盖印可见图层，保存前面所有操作在本图层中。依次执行"图像>调整>去色"命令、"图像>调整>亮度/对比度"命令，调整羽毛、绒毛、树杈的明暗层次。

05. 执行"滤镜>画笔描边>喷溅"命令，在弹出的"喷溅"对话框中适当调整"喷色半径"与"平滑度"的数值，然后点击"新建效果图层"按钮。

小贴士

　　本书使用的是 Photoshop CS5 版本。在 Photoshop CC 版本中，部分滤镜的所在位置与 CS5 版本略有不同，其"滤镜"菜单下的"风格化""模糊""扭曲"等 9 种滤镜与 CS5 版本是一样的，而其他 4 种滤镜（"画笔描边""素描""纹理""艺术效果"）则设置在"滤镜库"中。使用 CC 版本的读者可执行"滤镜>滤镜库"命令，在弹出的对话框中点选所需滤镜。

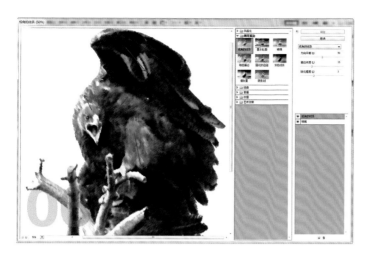

06. 放大图像后会发现，山鹰翅下的羽毛很凌乱，故在"画笔描边"选项栏中点选"成角的线条"予以调整。在调整"方向平衡""描边长度"和"锐化程度"3个参数时，应注意山鹰的羽毛、绒毛和树枝纹路的走向。

对于不同的画科，滤镜使用要灵活，顺势而为，不可千篇一律。

07. 选择"橡皮擦工具"，在工具属性栏相关选项中设定较小的"流量"和"不透明度"，细致擦出山鹰的喙、眼、爪，逐渐加大"流量"直至边缘清晰，然后执行"图像 > 调整 > 去色"命令。

小贴士

　　滤镜的使用将作用于全部画面，致使主体的关键部位（人物的五官与手，动物的眼睛、喙和爪等）也被虚化，由此，应当在每一个滤镜使用之后，在设有"复制图层"的基础上使用"橡皮擦工具"，通过设定适当的"流量"和"不透明度"，将上述部分恢复清晰。

08. 按快捷键"Ctrl+Shift+Alt+E"盖印可见图层，生成"图层2"，把前面的操作尽收"图层2"中。

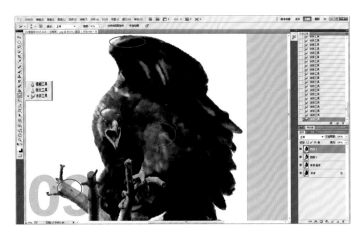

09. 选择"涂抹工具"，在工具属性栏中调整"大小"为5—15px，"强度"为20%—30%，按纹理方向细致涂抹，或直或曲，顺势而为，以体现出运笔作画的笔触感。执行"图像＞图像大小"命令，记录对话框中图像宽度、高度的像素数值以备用。

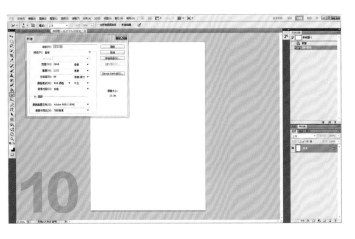

10. 以上04至09步骤的操作目的，只是将普通照片中的山鹰调整出毛笔作画的润墨及洇化效果。本步骤可用于添加仿宣纸效果。

执行"图层＞新建＞图层"命令（或单击图层面板下方的"创建新图层"按钮），然后执行"文件＞新建"命令，将09步骤中记录的像素数值输入对话框相应的栏目中，以期实现新建图像的长宽尺寸与原图片一致。

11. 在工具栏中右键点选"画笔"图标，左键点选菜单中的"画笔工具"，点击工具属性栏画笔数值右侧"▼"后，单击对话框右上角的"⚙"，出现"新建画笔预设"菜单，点选"基本画笔"，继而在画笔种类面板中点选 45 号画笔，在工具属性选项栏中单击"切换画笔面板"按钮，在弹出的"画笔"面板中的"画笔笔尖形态"栏完成以下三个步骤：

①勾选"纹理"和"保护纹理"，去除其他选项框中的"√"。

②双击"画笔笔尖形态"栏中的"纹理"栏，点击微览图右侧的"▼"以打开"图案拾色器"，然后单击拾色器右上方的"⚙"，在出现的菜单中点选"艺术表面"，继而在拾色器中点选"纱布"，并勾选"反相"。

③调整"缩放"数值（建议数值 120）。在工具属性栏中设置合适的画笔大小，并适当降低"不透明度"和"流量"。点击工具栏中的"前景色"图标，在弹出的拾色器中选择类似于宣纸的浅灰色，并将 R、G、B 栏设定为相同数值，然后用画笔在图像上均匀涂抹。

小贴士

以上方法是用 PS 工具模拟宣纸效果。还可以用相机拍下真实的宣纸作为素材，包括适用于工笔画的"熟宣"和适用于写意画的"生宣"，然后与作品叠加合成。

如果制作真实作品赏玩或者参展，可以不加宣纸基底，直接使用微喷机打印到"机宣"纸上。

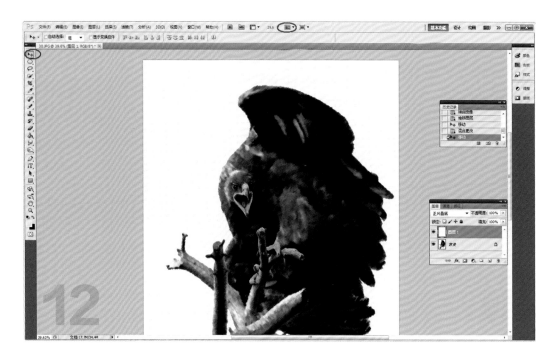

12. 执行"排列文档 > 双联"命令（CC 版本执行"窗口 > 排列 > 双联垂直"命令），此时出现原图与宣纸图像并列的界面。执行"Ctrl+A"全选命令，选择"移动工具"，将鼠标锚点移动到宣纸图像上，按住鼠标左键，将宣纸图像拖入原图片中。在"图层"面板中将"图层 1"的"图层混合模式"设为"正片叠底"。选择"橡皮擦工具"，擦除山鹰身上的宣纸纹理，浅淡处可适当保留。执行"图层 > 拼合图像"命令，微调"色阶"和"对比度"。最后添加题跋、钤印，并保存图像。

┌─────────────── **基本创作思路与手法** ───────────────┐

　　图像大小调整，以凸显主体气势，并为使用滤镜确立基础→去色，实现水墨画的色调→喷溅与涂抹，调整出毛笔作画的润墨及洇化效果→图层 > 新建 > 图层、文件 > 新建、画笔工具、移动工具，增添宣纸效果。

└───┘

第二节 没骨画

没骨画为中国画的一种画法。在书法里把笔锋所过之处称为"骨",其余部分称为"肉";没骨的"没"字,即淹没而含蓄之意,故没骨画轻于线条而重在蕴意。

没骨画之精要在于将运笔和设色有机融合在一起,将墨、色、水、笔融于一体,在纸上予以巧妙结合;不勾轮廓,不打底稿,更不放底样拓描。作画时,要求画者胸有成竹,一气呵成。

《人在画中》(赵晓航作)

原 图

《呢喃意绪图》（李振宇作）　　　　　　　　　原　图

《不厌池泥》（赵晓航作）　　　　　　　　　原　图

创作实例详解：

例一　风光画

效果图

原　图

01. 执行"文件＞打开"命令，打开图片。在"图层"面板上右击"背景"图层，在弹出的菜单中选择"复制图层"，点击"确定"按钮，生成"背景 副本"图层。选择"裁剪工具"，将原片裁剪为竖幅。执行"图像＞调整＞色相／饱和度"命令，适当调整原片的影调和色调。

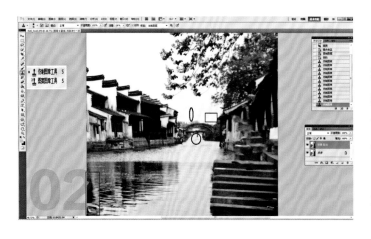

02. 执行"滤镜 > 镜头矫正"命令，在弹出的"镜头矫正"对话框中点选"自定"选项卡，拖动"垂直透视"滑块，调整两岸房屋的垂直度。选择"仿制图章工具"，在工具属性栏中设定合适的笔刷"大小"，"模式"选"正常"，设置"不透明度"（彻底替换某区域时设为 100%）和"流量"（设定方法类似于不透明度），将远处小桥周围的现代建筑及船去掉（前期处理一定要注意细节，比如水泥电杆、电线、墙壁上的空调等）。分别执行"图像 > 调整 > 色阶"命令、"图像 > 调整 > 去色"命令，调整图像的影调。

03. 执行"滤镜 > 模糊 > 特殊模糊"命令，在弹出的"特殊模糊"对话框的"品质"栏中点选"中"，拉动"半径"滑块，观察对话框中图像的效果，合适后点击"确定"按钮。

04. 在"图层"面板中将"背景 副本"的"图层混合模式"设为"明度"，观察树叶和花的点染效果以及马头墙的墨色，如果不理想可返回"去色"步骤重做"特殊模糊"，直到满意为止。

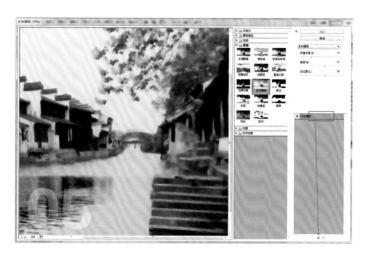

05. 执行"滤镜＞素描＞水彩画纸"命令，在弹出的"水彩画纸"对话框中拉动"纤维长度""亮度"和"对比度"滑块，查看画面明暗变化，单击右下角"新建效果图层"按钮。

06. 执行"滤镜＞艺术效果＞调色刀"命令，在弹出的"调色刀"对话框中适度调整"描边大小""描边细节"和"软化度"数值。

07. 退出滤镜，仔细查看树叶的点染效果，必要时做相应调整。按快捷键"Ctrl+Shift+Alt+E"盖印可见图层，保存所有操作。单击"背景副本"图层左侧的"眼睛"图标（即图层显示按钮，可以显示或隐藏图层），隐藏该图层。此时画面中如仍有杂物，可使用"仿制图章工具"和"橡皮擦工具"去除，或恢复原图需要保留的元素。

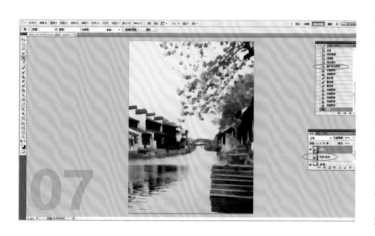

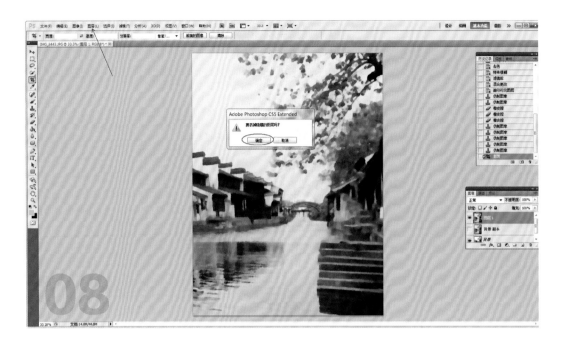

08. 执行"图层 > 拼合图像"命令，扔掉隐藏的图层，最后细微调整画面的"色阶"、"饱和度"等，保存图像。

基本创作思路与手法

剪裁、垂直透视，选取理想的画面区域，修正景物形体→特殊模糊、图层混合模式 > 明度的搭配使用，体现没骨画的"轻于线条"，并实现"点染"的笔触效果→水彩效果、调色刀，进一步体现"重在蕴意"的绘画肌理和艺术特征。

例二 动物画

效果图

原 图

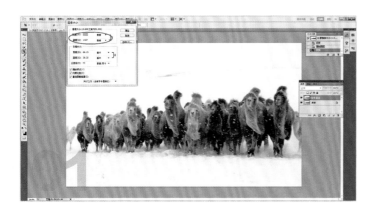

01. 执行"文件 > 打开"命令，读取图片。在"图层"面板上右击"背景"图层，在弹出的菜单中选择"复制图层"，点击"确定"按钮，生成"背景 副本"图层。选择"裁剪工具"，获取最佳画面区域。执行"图像 > 图像大小"命令，在弹出的"图像大小"对话框中勾选"约束比例"，降低原片长边的像素为 1800—2000 像素左右，为使用滤镜打下基础。

02. 执行"图像 > 调整 > 去色"命令，在"图层"面板上右击"背景 副本"图层，在弹出的菜单中选择"复制图层"，点击"确定"按钮，生成"背景 副本 2"图层，调整"色阶""对比度"。

03. 执行"滤镜 > 模糊 > 特殊模糊"命令，在弹出的"特殊模糊"对话框中设定"半径"和"阈值"的数值，应以最大限度地表现出画面丰富的色块及绘画的笔触感为准，"品质"设为"中"，观察设定数值前后的变换效果，点击"确定"按钮。

04. 点击"背景 副本"图层的显示按钮（"眼睛"图标），隐藏该图层。在"图层"面板中将"背景 副本 2"图层的"图层混合模式"设为"明度"。选择"橡皮擦工具"，将"不透明度"和"流量"设为 70%—80%，然后在画面上涂抹以恢复骆驼的眼、鼻、嘴，保留其清晰度。

05. 按快捷键"Ctrl+Shift+Alt+E"盖印可见图层，然后执行"图像 > 调整 > 自然饱和度"命令，强化图像的色彩。

06. 选择"海绵工具"，点击工具属性栏"模式"选项右侧的"▼"，在菜单中选择"饱和"，用笔刷涂抹需要强化色彩的部位，期间逐步提高饱和度的强度，逐步减小画笔大小的像素值，以体现"用颜色一次又一次叠渍染成"的绘画技法。

小贴士

不同的画科有不同的笔法，以下两种笔法是我们容易用PS做到的：

①叠色法：即用颜色一次又一次叠渍染成，是比较精细的一种没骨画法。

②没骨点染：用笔接近写意，笔法自由活泼、简洁洗练、注重神韵，不同的形体用不同的笔法来画。

07. 使用鼠标滚轮放大图像至100%，检查细部画质。如存在很锐利的线条，则选择"涂抹工具"，将笔刷"大小"设定为20—30px，"强度"设定为30%—40%，以弱化线条。

08. 选择"加深工具"，工具属性栏中的"范围"选择"中间调"，然后在画面涂抹以强化骆驼脚下的雪痕。选择"橡皮擦工具"，设置大"流量"的笔刷擦出远处的围栏。执行"图层>合并可见图层"命令，然后设置"对比度""饱和度"，微调整体图像。

09. 调入骑马牧民素材图片，点选"快速选择工具"，在工具属性栏中点开"画笔选取器"，设定合适的笔刷"大小"，分别点选工具属性栏中的"添加到选区"和"从选区减去"选项，为骑马牧民做出选区。执行"排列文档＞双联"命令，在工作界面中并置两幅图像。

10. 点选素材图片，选择"移动工具"，将牧民图像移动至创作图片中。执行"编辑＞变换＞缩放"命令，将骑马牧民按比例缩放，并移至画面的适当位置；然后保存图像。

基本创作思路与手法

图像大小调整，为使用滤镜做准备→模糊、橡皮擦工具，适当去除画面中的线条，体现没骨画"轻于线条而重在蕴意"的艺术特征，同时保留主体关键部位的清晰度→海绵工具、涂抹工具，模仿运用没骨画的"叠色法"。

第三节 写意画

写意画是用简练的笔法描绘景物，主张神似，注重用墨。

笔墨是中国写意画的主要特征，笔和墨如同骨与肉，不可分离，加强了画面的生动性和感染力。这种独特的表现技巧和民族风格，具有极高的艺术成就。

《归巢》（李振宇作）

原 图

《蟹道》（赵晓航作）

原 图

《花虫图》（赵晓航作）　　　　　　　　　　　　　　原图

创作实例详解

例一 风光画

效果图   原 图

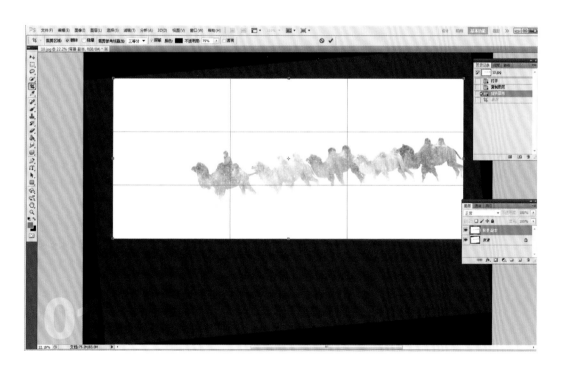

01. 执行"文件 > 打开"命令，选取图片。在"图层"面板上右击"背景"图层，在弹出的菜单中选择"复制图层"，点击"确定"按钮，生成"背景 副本"图层。然后执行"图像 > 图像旋转"命令，设定逆（顺）时针方向及倾斜角度数值后，点击"确定"按钮。选择"裁剪工具"截取出新的图像画面。使用"图像旋转"并非因为图像不正，而是为了活跃画面、添加动感。

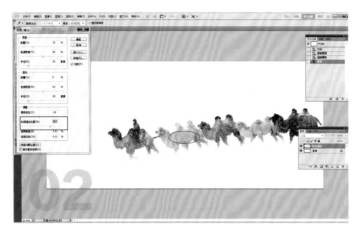

02. 执行"图像 > 调整 > 阴影/高光"命令,在"阴影/高光"对话框中拖动相关选项滑块,以获得国画黑、灰、白的影调结构。其中注意"中间调对比度"的调整,以提升画面暗部。

小贴士

意境,是作品的灵魂,是客观事物的精华加上作者思想感情的陶铸,经过高度的艺术加工达到情景交融、借景抒情的效果而表现出来的艺术境界。如何寻找并表现出意境?借用绘画界的两句"行话":心中有画,意在笔先。

"立意"就是要在作品题材与艺术效果之间搭建一座桥梁,让题材表现出主旨或艺术感知。在写意画创作之前要打腹稿,即考虑:一幅写意画的主题是什么?想传递什么样的旨趣?想给人什么样的艺术感知?

"意在笔先""胸有成竹"是构图的先导。腹稿成熟与否,关系到绘制时能否大胆落墨和挥洒自如。

03. 依次执行"图像 > 调整 > 去色"命令、"图像 > 调整 > 亮度 / 对比度"命令,意在强化黑、白、灰结构。

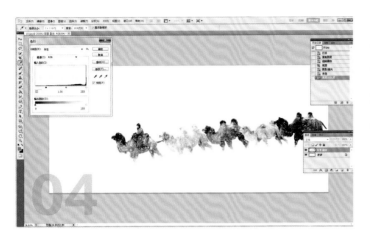

04. 执行"图像 > 调整 > 色阶"命令，设置相应参数对画面进行调整，画面越是简洁就越要注意墨色的梯度、明暗关系等。

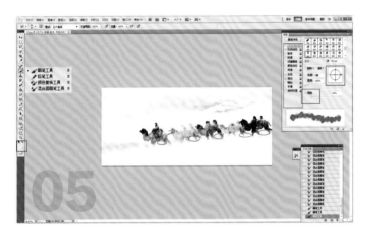

05. 选择"画笔工具"，单击工具属性栏中的"切换画笔面板"按钮，在弹出的"画笔预设"选框中设定画笔的大小、形状、方向、间距等。在工具栏中单击"前景色"图标，在拾色器中选择适当的黑灰色，然后用画笔涂抹迷茫的远山和骆驼脚下的路径，以衬托主体。注意墨色宜淡不宜浓，不可喧宾夺主；骆驼腹下一定要有阴影。

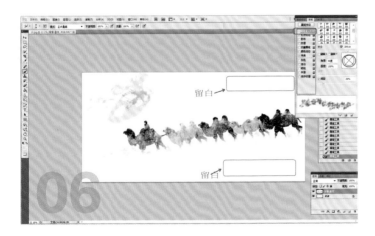

06. 此步骤展示的是另一种表现方法。使用"画笔"工具，设置相应的参数，选用淡而杂乱的笔锋绘制出左上角的"雪泡子"（东北人描述狂风卷暴雪的方言），几笔足矣。形写神，神寓意，注意留白、透气。

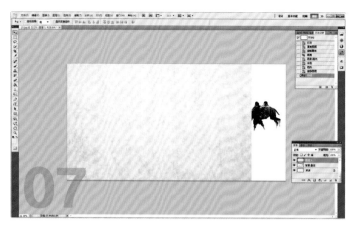

07. 以下介绍利用事先拍摄的宣纸照片添加画面肌理的方法。执行"文件＞打开"命令，调入宣纸素材照片。执行"排列文档＞双联"命令，选择"移动工具"，按住鼠标左键将宣纸素材拖入并覆盖原图。在"图层"面板中将"图层1"的"图层混合模式"设为"正片叠底"，使之与下层的图像产生混合。

08. 右上角留作题跋之用，而右下角略显空旷，选择"画笔工具"，在工具属性栏中点击"切换画笔面板"按钮，在弹出的"画笔预设"选框中，改变画笔角度，然后在画面右下角涂抹，与左上角雪泡子呼应。

09. 添加题跋、钤印，执行"图层＞拼合图像"命令，微调"色阶"和"对比度"，保存图像。

```
━━━━━━ 基本创作思路与手法 ━━━━━━
```

　　图像旋转，添加画面动感→阴影／高光、色阶，形成墨色的梯度→画笔工具，针对性地调整局部墨色及其层次→叠加宣纸，添加国画的肌理。

例二 花卉

效 果 图　　　　　　　　　　　　原 图

01. 执行"文件＞打开"命令，调入图片。在"图层"面板上右击"背景"图层，在弹出的菜单中选择"复制图层"，点击"确定"按钮，生成"背景副本"图层。选择"裁剪工具"，选取图像最佳区域。执行"图像＞图像大小"命令，在弹出的"图像大小"对话框中将长边设置为1200—1600像素，以便发挥滤镜效果。

02. 去背景色以保留主体。为主体"抠图"有多种方法，这里就不一一列举了。从该图像的特点分析：主体花卉与藤蔓比较凌乱、复杂，但是背景色较为一致，所以采用"色彩范围"的方法，去除背景颜色而保留主体。

执行"选择 > 色彩范围"命令，在弹出的"色彩范围"对话框中，向右拖动"颜色容差"滑块，将"颜色容差"数值加大，再点选对话框右侧的"吸管工具"，点击图像背景，然后点击"确定"按钮，则大部分背景已被选中。

03. 对于未被选中的小块局部区域，可选择"快速选择工具"，单击工具属性栏中的"画笔预设选取器"，依未选中区域的大小调整画笔像素值，按住鼠标左键使画笔在该区域边缘移动。如果"蚂蚁线"（选区的边线叫蚂蚁线）超出区域，则在工具属性栏中点选"从选区减去"后用画笔修正；反之，则点选"添加到选区"；或点选"调整边缘"，在弹出的"调整边缘"对话框中拖动相关选项的滑块以观察选区效果。

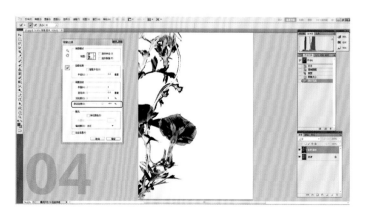

04. 在"调整边缘"对话框中，向右拖动"移动边缘"滑块，也可附之于调整"羽化"滑块，将原来未选中的区域大体套住。

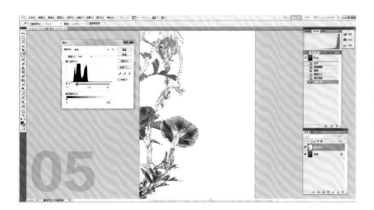

05. 执行"图像 > 调整 > 色阶"命令，在弹出的"色阶"对话框中，向左拖动"输入色阶"最右侧的高光区域滑块，以完全清除背景色。

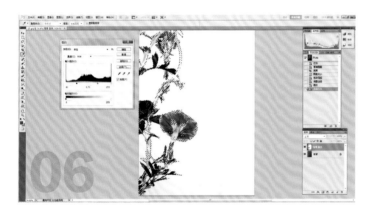

06. 执行"选择 > 反向"命令（快捷键"Ctrl+Shift+I"），将选区变为画面主体。执行"图像 > 调整 > 色阶"命令，在拖动3个滑块时注意强化中间调，为下一步去色后体现墨色的黑白灰打下基础。然后按快捷键"Ctrl+D"清除蚂蚁线，最后按快捷键"Ctrl+Shift+Alt+E"盖印可见图层。

07. 执行"滤镜 > 画笔描边 > 喷溅"命令，在"喷溅"对话框中适当调整"喷色半径"和"平滑度"，点击"确定"按钮。选择"橡皮擦工具"，设置较大数值的"不透明度"和"流量"在画面上涂抹，以恢复喇叭花及小部分叶、藤蔓的清晰度。

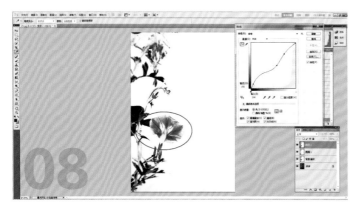

08. 按快捷键"Ctrl+Shift+Alt+E"盖印可见图层。执行"图像>调整>去色"命令，然后分别执行"图像>调整>亮度/对比度"命令和"图像>调整>曲线"命令，适当调整图像的影调。

此时，花草主体部分操作完毕，可执行"图层>合并可见图层"命令，如果为便于再次调整或返工操作，也可暂时保留操作图层。

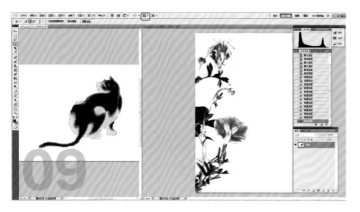

09. 为了增加作品意境和活跃画面，可添加适当的点缀物，这里我们选用了一只猫和一只蝶。

执行"文件>打开"命令，调入小猫的素材照片，选择"快速选择工具"做小猫的选区，然后执行"排列文档>双联"命令。

10. 选择"移动工具"，将小猫的图像拖动到喇叭花图像上，执行"编辑>变换>缩放"命令，将小猫调整到合适的大小并移动到合理的位置。

11. 使用"通道"制作选区的方法再添加一只蝴蝶。调入蝴蝶素材图片，点击"通道"面板，出现 RGB、红、绿、蓝 4 个通道。按住 Ctrl 键的同时单击"蓝"通道，即出现背景选区的蚂蚁线。执行"选择 > 反向"命令，即形成蝴蝶的选区。

执行"排列文档 > 双联"命令，选择"移动工具"，按住鼠标左键将蝴蝶拖入主体画面，再执行"编辑 > 变换 > 缩放、水平翻转、旋转"等命令，将大小、角度合适的蝴蝶置于理想的位置。

12. 执行"图层 > 拼合图像"命令，添加生宣纸肌理效果（方法参见本节例一 07 图例），添加题跋、钤印，保存图像。

基本创作思路与手法

　　快速选择工具、色阶，清理背景→反相、色阶、去色、喷溅，体现墨色和笔触→快速选择或通道，以及移动、缩放、旋转等工具，添加点缀物，以活跃画面。

第四节 仿古画

　　仿古画是采用原始水印印刷，定型后通过手工填色、描线、绘制等多道工序制作而成的绘画，一般分为纸本和绢本两类。

　　仿古画的图面忠实于原创，对宣纸进行作旧处理后，运用古画复制技术（克罗版画、水印版画、人工临摹、Giclee版画）制作，其外观与百年古画极其相似，目观难辨。

《飞流挂壁图》（赵晓航作）

原　图

《雪重林峦图》（李振宇作）   原　图

《寒花寺界图》（李振宇作）   原　图

创作实例详解

例一 山水画

效果图   原 图

01. 执行"文件 > 打开"命令，选取图片。在"图层"面板上右击"背景"图层，在弹出的菜单中选择"复制图层"，点击"确定"按钮，生成"背景 副本"图层。然后执行"编辑 > 变换 > 缩放"命令，按住锚点向下拉动，改变图像的尺幅。选择"裁剪工具"，按住鼠标左键沿缩放后的图像边缘拖动鼠标，然后双击鼠标左键确定裁剪。使用"缩放"命令比较直观，易于把握图形大小和比例。

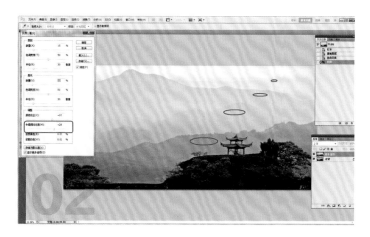

02. 执行"图像 > 调整 > 阴影 / 高光"命令，注意"中间调对比度"的调整，以展现远近山峦的明暗层次。

03. 执行"图像 > 调整 > 黑白"命令，勾选"黑白"对话框左下方的"色调"选项，然后单击右边的"选色框"按钮，在弹出的"选择目标颜色"对话框中，点击选色框中与题材相匹配的颜色区域（本例选择的是黄色），按下"确定"按钮。

小贴士

创作仿古画的重要环节是选择恰当的色调，以期与作品的主题、质地、颜料色调甚至年代相吻合。

古画按质地可分为纸本和绢本两种。古画的颜料由矿物质或植物制成，经过长期保存，均会造成一定程度的褪色、变色甚至霉变，由此呈现出浓郁、凝重而古香古色的独特色调。

仿古画色调，除了本节采用的勾选色调外，还可以运用更严谨与逼真的方法，即拍摄一张所需色调的真实古画，调入修图软件获取其颜色数值以备用。具体方法是：调入古画素材图像，单击工具栏中的"前景色"图标，随即弹出"拾色器"对话框，用"吸管"在图像上点击单色面积较大的部位，记录下"拾色器"中R、G、B的数值（如124、107、68），以备用于今后的仿古画创作。

比如本例03操作可改为：执行"图像 > 调整 > 黑白"命令后，执行"编辑 > 填充"命令，在"填充"对话框中"使用"栏点选"颜色"，在弹出的选色框中分别输入上述RGB数值，点击"确定"按钮。将"颜色填充"图层的"图层混合模式"设置为"叠加"，至此古画素材的色调已运用到作品中了。

04. 执行"图像 > 调整 > 可选颜色"命令，在弹出的"可选颜色"对话框中，点开"颜色"栏右侧的"▼"，在弹出的下拉菜单中，分别点选黄色、青色，左键拖动相应滑块（方法见以下"小贴士"）予以强化。因为古画使用的植物颜料容易褪色、霉变，所以略微加强青色。

小贴士

"可选颜色"的设计原理，来源于"色彩管理"系统理论中的"三原色光模式"（可在网络中查询相关知识）。

在确定了需加强的"目标色"之后，在"可选颜色"对话框中的"颜色"栏中点选该颜色，"方法"栏中点选"相对"，进而按照笔者编制的以下列式分别增加和减小该颜色的参数值。

红色 = + 洋红、黄色，− 青色

绿色 = + 青色、黄色，− 洋红

蓝色 = + 洋红、青色，− 黄色

黄色 = + 黄色，− 青色、洋红

青色 = + 青色，− 洋红、黄色

洋红 = + 洋红，− 青色、黄色

如果需要减弱"目标色"，则按照以上列式相反的方向调整。

05. 执行"滤镜 > 杂色 > 添加杂色"命令，强化"古旧"的痕迹。

06. 选择"减淡工具"，在工具属性栏中将"范围"设为"中间调"，"曝光度"设为25%以下，用鼠标在山峦之间涂抹。然后降低"曝光度"，在前面涂抹过的部位上方继续涂抹，以形成具有浓淡层次的雾霭；待仿古效果满意后执行"图层＞拼合图像"命令，微调"色阶""饱和度"，然后复制"背景"图层，得到"背景副本"图层。

07. 考虑到古人作画一般采用点缀物以营造画面意境的创作方法，笔者决定添加一位抚琴老人仰望南飞雁，以形成"思乡"的主题。

调入素材图片，点击"通道"面板，按住"Ctrl"键的同时单击通道面板中的"蓝"通道，此时人物边缘出现蚂蚁线，然后执行"选择＞反向"命令，单击"RGB"通道后回到"图层"面板，此时人物选区基本形成。

08. 选择"快速选择工具"，在工具属性栏中点击"添加到选区"按钮，在人物图像上点击鼠标把人物上的蚂蚁线去除，使蚂蚁线准确地勾勒出人物轮廓。

09. 执行"排列文档＞双联"命令，工作界面上呈现出原图像与素材图像并置的状态。

10. 点击素材图像，选择"移动工具"，将人物素材拖入原图像中。执行"编辑＞变换＞缩放"命令，拖动锚点，将人物缩小到合适比例（亭子作参照物），并放置于合适位置。

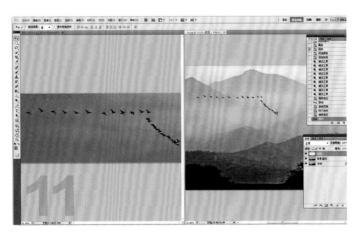

11. 再加一张飞雁素材，操作同 07 至 10 步骤，注意大雁飞的方向和位置要与人物相匹配。

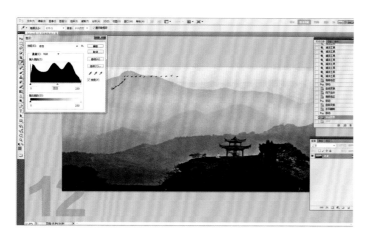

12. 执行"图层 > 拼合图像"命令，微调"色阶"、"饱和度"。如创作纸本设色仿古画，可添加宣纸基底。

13. 如创作绢本设色仿古画，可添加绢绫基底，素材可到网上下载或仿制。

基本创作思路与手法

编辑 > 变换 > 缩放，强化重峦叠嶂效果，形成国画尺幅→色调、可选颜色、添加杂色、正片叠底，显现古画的色彩与年代感→排列文档 > 双联、移动工具，添加烘托主题、营造氛围的点缀物→混合模式 > 正片叠底，增添古画的质地感。

例二 花鸟画

效果图

原图

01. 执行"文件＞打开"命令，调取图片。右击"背景"图层，在弹出的菜单中选择"复制图层"，点击"确定"按钮，生成"背景 副本"图层。选择"裁剪工具"，形成古画的理想尺幅。

02. 执行"图像 > 调整 > 亮度 / 对比度"命令,在弹出的"亮度 / 对比度"对话框中,拖动滑块提高亮度,降低对比度,以减弱背景的影像,同时为后面叠加古画背景做好铺垫。

03. 抠图,为叠加背景打基础。抠图的方法很多,而且越来越精细,创作仿古画不需要过于精准的抠图,我们采用执行"选择 > 色彩范围"的方法,在"色彩范围"对话框中将"颜色容差"调至 20 左右,在"选择"选项中点选"阴影",单击"确定"按钮后就可以看到蚂蚁线了。

04. 选择"快速选择工具",在工具属性栏点选"添加到选区"按钮,把鹰和假山用蚂蚁线选出,然后点选"从选区减去",把木栏的蚂蚁线去掉。

05. 放大图像，观察、处置细节部分，用"快速选择工具"将边缘处理清晰。处理复杂、细腻的部位时，可将笔刷"大小"设置为1—3像素，然后执行"选择＞反向"命令。

06. 执行"图像＞调整＞色阶"命令，向左拖动高光区域滑块以清除原背景，如有局部难以清除，可用"仿制图章工具"完成。

07. 添加仿古画基底。打开古画基底素材照片，执行"排列文档＞双联"命令，便于观察、处理古画与原片的叠加位置。

08. 使用"仿制图章工具"将古画基底素材中的鸟、部分松针及文字抹去,保留部分树干、树枝。

09. 使用"移动工具"将古画素材拖入作品图片。执行"编辑 > 变换 > 缩放"命令,使素材与作品图片同等大小并覆盖其上。将"背景 副本"图层的"图层混合模式"设为"正片叠底",然后将图像再次"裁剪"成宽高比为 1:1 的方图。执行"图层 > 拼合图像"命令。

10. 添加题跋、铃印。古画已有很多印章,我们再加个闲章就够了。

这张古画是史上最不尽职但又最具艺术才华的宋朝皇帝宋徽宗(1082—1135)所作,左上角的长方形印章及墨迹是他的画作的独特标志。知道了这一点,题跋就一定要用瘦金体了。

┌─────────────────────┐
│ **基本创作思路与手法** │
└─────────────────────┘

选择 > 色彩范围、快速选择工具、色阶,清除原片背景→排列文档 > 双联、移动工具,添加仿古画背景。

第五节 设色画

　　设色，指涂色、着色。绘画时敷色，是运用色彩的效果表达物象的情境变化和韵味，古人称为"随类赋彩""活色生香"。

　　设色画注重物象的固有色及固有色明度的变化，不追求光影效果。从配彩类别上可分为墨彩、淡彩、粉彩、重彩。具体着色方法有：渲染、平涂、罩染、统染、立粉、积水、没骨点写、烘托等。

《彩叶衬莲》（李振宇作）　　　　　原　图

《凭栏天外山》（赵晓航作）

原 图

《霞际九光披》（赵晓航作）

原 图

创作实例详解

例一 花草画

效果图

原 图

01. 执行"文件 > 打开"命令调入图片。右击"背景"图层，在弹出的菜单中选择"复制图层"，单击"确定"按钮，生成"背景 副本"图层。分别执行"图像 > 调整 > 色阶"命令和"图像 > 调整 > 阴影 / 高光"命令，均衡画面影调，将下方的荷叶提亮，上方的荷花压暗。选择"裁剪工具"，获得理想的画幅。

02. 选择"快速选择工具"，做荷花、荷叶的"选区"。

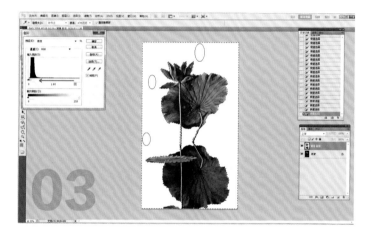

03. 执行"选择 > 反向"命令，然后执行"图像 > 调整 > 色阶"命令，向左拖动高光区域滑块提亮背景（由于主体的背景较暗，使用"色阶"清除不净时，可用"仿制图章工具"）。

04. 背景中若有残余杂色，选择"减淡工具"，在工具属性栏中将"范围"设为"高光"，"曝光度"设为 100%，将背景涂抹干净。执行"图像 > 调整 > 去色"命令和"图像 > 调整 > 亮度 / 对比度"命令，调整画面的影调。

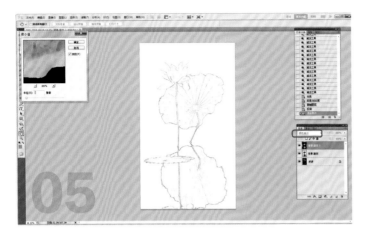

05. 右击"背景 副本"图层，在弹出的菜单中选择"复制图层"，点击"确定"按钮，生成"背景 副本 2"图层。然后抽取景物中的线条，具体方法是：执行"图像 > 调整 > 反相"命令，将"背景 副本 2"图层的"图层混合模式"设为"颜色减淡"。执行"滤镜 > 其他 > 最小值"命令，根据画面设定"最小值"对话框中的"半径"数值：画面细腻的设为 2—3 像素，画面粗糙的设为 3—5 像素。

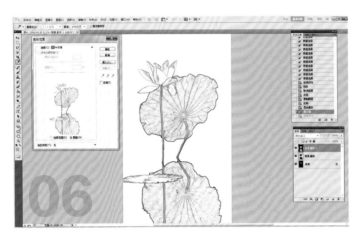

06. 执行"选择 > 色彩范围"命令，"色彩范围"对话框中的"选择"点选"中间调"，"颜色容差"数值设为 20—30（可以设定不同的数值多做几次，直至达到满意效果）。

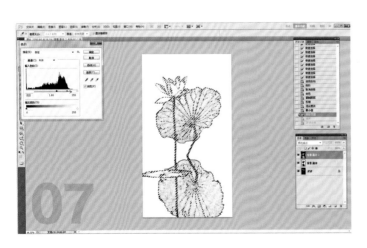

07. 执行"图像 > 调整 > 色阶"命令，进一步强化线条。使用快捷键"Ctrl+D"清除蚂蚁线。

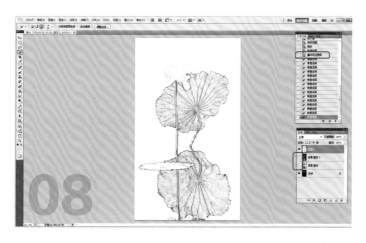

08. 使用"快速选择工具"做荷叶的选区，按快捷键"Ctrl+Shift+Alt+E"盖印可见图层。隐藏"背景 副本"图层和"背景 副本 2"图层。

09. 执行"图像 > 调整 > 替换颜色"命令，在"替换颜色"对话框中点击"颜色"按钮，在弹出的"选择目标颜色"对话框中，于全色彩条中点选蓝绿之间区域，点击"确定"按钮。

选择"画笔工具"，设定较低的"不透明度"和较小的"流量"在选区内涂抹。在颜色的把控上不妨多试几次，直至达到满意效果。

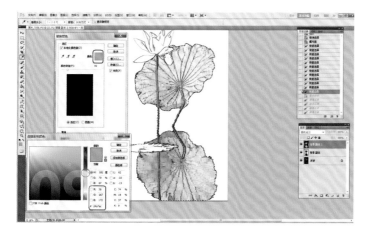

10. 执行"图像 > 调整 > 色阶"命令，保持画面适度的反差。选择"渐变工具"，在工具属性栏中完成以下设定: 按下"径向渐变"按钮，"模式"选择"线性加深"，勾选"反向"，"不透明度"设为 20%—30%。

按住鼠标左键，以荷叶的中心至边缘为距，由中心向外拉出约为此长度 1/3 的短线，完成荷叶从中心区域向外的颜色渐变，画面下方的荷叶倒影使用同样方法。

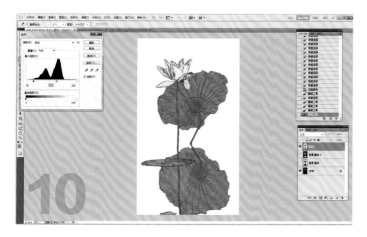

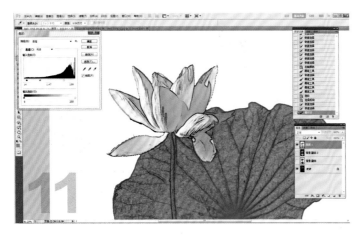

11. 使用"快速选择工具"对荷花做"选区"。执行"图像 > 调整 > 色阶"命令，在保留线条的基础上，向左拖动高光区域滑块，以消除花瓣中的污点。选择"橡皮擦工具"，涂抹出花瓣的颜色。按快捷键"Ctrl+D"清除蚂蚁线。

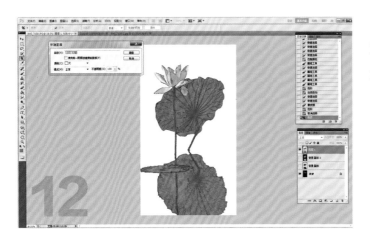

12. 执行"图层 > 新建填充图层 > 纯色"命令，点击"确定"按钮，为画面添加背景色。

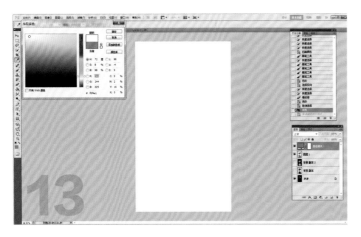

13. 在"拾色器"中点选淡米黄色，点击"确定"按钮，将"颜色填充 1"图层的"图层混合模式"设为"正片叠底"，然后执行"图层 > 拼合图像"命令。

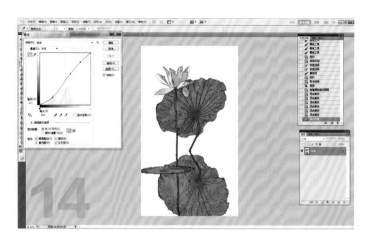

14. 执行"图像 > 调整 > 曲线"命令(或快捷键"Ctrl+M"),在"曲线"对话框中,分别单击高光处、阴影处设置两个调节点,将高光区调节点向上、阴影区调节点向下拖动,从而将曲线设置成S形,以提高图像的反差和对比度。

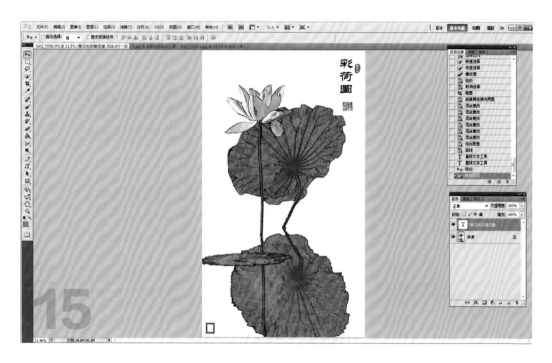

15. 添加题跋、钤印,执行"图层 > 拼合图像"命令,然后保存图像。

基本创作思路与手法

色阶、阴影/高光,均衡画面影调→快速选择工具,打造出作品主体→反相、颜色减淡、滤镜 > 其他 > 最小值、色彩范围、色阶,抽取和强化主体线条→替换颜色,改变主体颜色→新建填充图层 > 纯色,添加背景颜色。

例二 人物画

效果图

原 图

01. 执行"文件 > 打开"命令调入图片，在"图层"面板上右击"背景"图层，在弹出的菜单中选择"复制图层"，点击"确定"按钮，生成"背景 副本"图层。执行"图像 > 调整 > 亮度 / 对比度"命令，在"亮度 / 对比度"对话框中拖动"亮度"和"对比度"的两个滑块，显现阴影部分的细节与层次。执行"图像 > 调整 > 去色"命令。

02. 右击"背景 副本"图层,在弹出的菜单中选择"复制图层",单击"确定"按钮,生成"背景 副本 2"图层,执行"图像 > 调整 > 反相"命令。

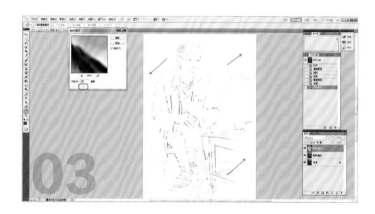

03. 将"背景 副本 2"图层的"图层混合模式"设为"颜色减淡",执行"滤镜 > 模糊 > 高斯模糊"命令,设定"高斯模糊"对话框中的"半径"数值,以能显示图中主体轮廓及部分背景为准。

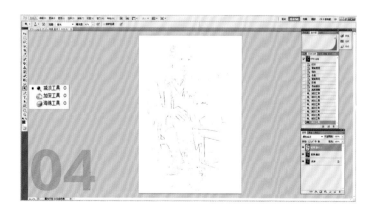

04. 选择"减淡工具",擦除背景中的杂物。执行"图层 > 向下合并"命令。

05. 选择"橡皮擦工具"，设定"不透明度""流量"的数值为20%—30%，小心涂抹出画面的主体及需要保留的背景，如桌角、地上的烟头及锅碗瓢盆等有生活气息的物品。

06. 按快捷键"Ctrl+Shift+Alt+E"盖印可见图层。隐藏"背景 副本"图层，执行"图像 > 调整 > 色阶"命令，注意"中间调"的微调，强化线条。

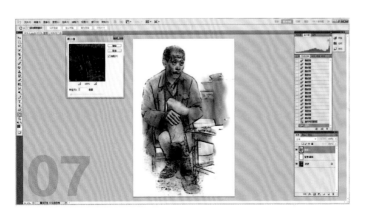

07. 执行"滤镜 > 其他 > 最小值"命令，根据不同的画面设定对话框中的"半径"数值为1—3像素，以期表现重点部位线条的勾勒。

08. 执行"编辑 > 渐隐最小值"命令，在"渐隐"对话框中将"模式"设为"柔光"，适当降低"不透明度"。

09. 选择"橡皮擦工具"，在工具属性栏中设定较低的"不透明度"和较小的"流量"，涂抹局部的阴影。分别执行"图像 > 调整 > 亮度 / 对比度"命令和"图像 > 调整 > 色阶"命令，丰富画面影调。

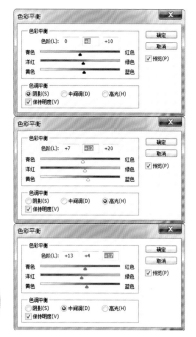

10. 执行"图像 > 调整 > 色彩平衡"命令，在"色彩平衡"对话框中勾选"保持明度"，分别调整阴影、高光的颜色过渡，体现设色画的"色"。

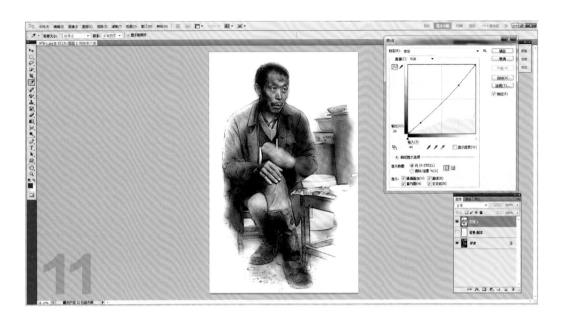

11. 分别执行"图像＞调整＞色阶"命令和"图像＞调整＞曲线"命令，微调整体画面。然后执行"图层＞拼合图像"命令，保存图像。

基本创作思路与手法

　　去色、反相、高斯模糊、滤镜＞其他＞最小值，显现主体轮廓→减淡工具，去除背景中的杂物，突出主体→设色，采用两个步骤：橡皮擦工具，按照创作意图涂抹出色彩；色彩平衡，体现设色画的技法。

第六节　工笔画

　　工笔画即是以精致细腻的笔法描绘景物的中国画表现方式，它使用"尽其精微"的手段，通过"取神得形，以线立形，以形达意"获取神态与形体的完美统一。

　　该技法主要分为描和染两部分。描主要是描线，也是工笔画的精髓；染的部分技法比较多，发展到现在，不仅保留了原有的普通晕染，还出现了中西结合的晕染方法，令工笔画更具有立体感和时代气息。

《借枝思凌霄》（李振宇作）　　　　　　　　　原　图

《雪域牧马图》（李振宇作）　　　　　　　　　　　　原　图

《斗艳》（李振宇作）　　　　　　　　　　　原　图

创作实例详解

例一 山水画

效果图

原图

素材与拍摄

以线立形、以形达意，着重结构和形式，是工笔画（包括素描画）的艺术特征。创作此类作品需要线条丰富、清晰度高的照片。因此，可选择富有线条感的景物，进而稳定相机，设置小光圈、大景深、高速快门的拍摄参数进行拍摄，以确保其清晰度。

01. 执行"文件 > 打开"命令，选取图片。右击"背景"图层，在弹出的菜单中选择"复制图层"，单击"确定"按钮，生成"背景 副本"图层。选择"裁剪工具"裁切画面，保留必要的绘画元素。分别执行"图像 > 调整 > 色阶"命令、"图像 > 调整 > 亮度 / 对比度"命令和"图像 > 调整 > 色相 / 饱和度"命令，对图像进行调整，做到白场不过曝、黑场有细节。

02. 执行"图像 > 调整 > 阴影 / 高光"命令，注意"中间调对比度"的调整，以拉开远山近山的明暗层次。

03. 执行"图像 > 图像大小"命令，在"图像大小"对话框中去掉"缩放样式"与"约束比例"的"√"，在"像素大小"栏中减小图像"宽度"像素的数值，将山体拉伸到适当的高度以强化气势，同时注意避免物体（亭子与人物）的比例失调而使画面失真。

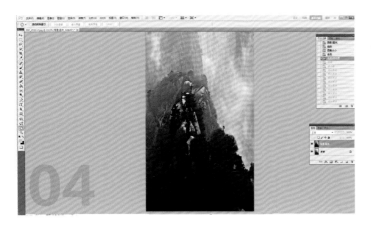

04. 执行"图像 > 调整 >
去色"命令，然后执行"图像 >
调整 > 亮度 / 对比度"命令，通
过调整对话框中"亮度"和"对
比度"的数值，避免生硬、反差
过大、暗部没有细节的影调，创
建对比度自然的图像，以展现国
画丰富的笔墨、笔触和肌理。

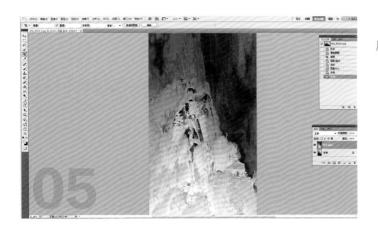

05. 执行"图像 > 调整 >
反相"命令，适当调整图像明暗。

06. 将"背景 副本"图层
的"图层混合模式"设为"颜
色减淡"，该模式可以使图像
变亮，其功能类似于"减淡工
具"，它通过减小"对比度"
使下一图层的图像变亮以反映
当前图层的图像颜色。

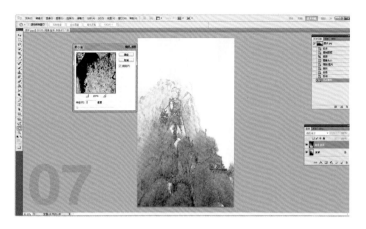

07. 执行"滤镜 > 其他 > 最小值"命令，将"最小值"对话框中的"半径"设定为 1 像素，提取线条，不同的像素值可以改变线条的粗细。

小贴士

　　如果使用"高斯模糊"命令提取线条，用"橡皮擦工具"擦出的颜色就是原照片中的色彩；而使用"反相"命令后的图层则进入了"补色区"，这才是我们需要的"重彩工笔画"中青绿山水的色彩。

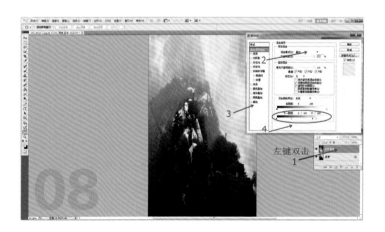

左键双击

08. 在图层面板上双击"背景 副本"图层（蓝色箭头 1），弹出"图层样式"对话框，然后进行如下操作："混合模式"栏（箭头 2）选择"颜色减淡"；"混合选项：自定"栏勾选"描边"（箭头 3）；"混合颜色带"栏（箭头 4）中对"下一图层"做以下操作：按住"Alt 键"的同时用鼠标拉开黑场、白场两对滑块，然后松开"Alt 键"，鼠标拖动 4 个滑块进行调整，观察图像线条、色彩和明暗层次的状况，然后点击"确定"按钮。

09. 点击"背景 副本"图层右侧"▼",关闭"图层式样"。按快捷键"Ctrl+Shift+Alt+E"盖印可见图层。隐藏"背景 副本"图层,将所有处理后的效果盖印到新的图层上,便于后面的观察与微调。如果不满意还可以删除盖印图层,重新调整。

10. 执行"图像 > 调整 > 阴影 / 高光"命令,再次调整画面的影调、色调,拉开山体远、中、近的层次。

11. 执行"图像 > 调整 > 可选颜色"命令,调整青、黄、蓝的色调结构。微调"对比度""曲线"。

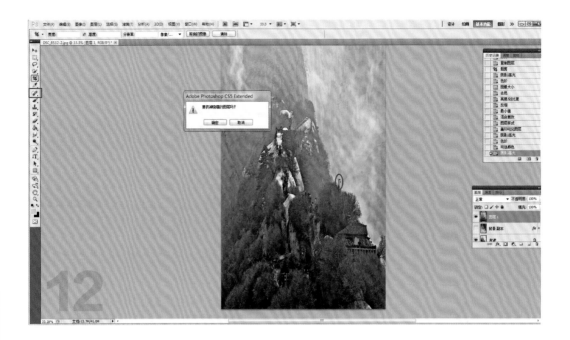

12. 使用"污点修复画笔工具"涂去影响画面美感的杂物。操作方法如下：选择"污点修复画笔工具"，在工具属性栏中，依据污点部位的面积设定"笔刷大小"，根据读者希望污点残留的清晰度而设定画笔"硬度"，"模式"点选"正常"，"类型"点选"近似匹配"，然后左键在画面污点处点击或拖动，以清除污点。

执行"图层 > 拼合图像"命令，添加题跋、钤印，保存图像。

基本创作思路与手法

色阶、对比度、饱和度、阴影／高光，调整原片的影调和色调→图像 > 画布大小，强化主体的气势→去色、颜色减淡、滤镜、图层样式，强化线条，调整作品"调子"→图像 > 调整 > 可选颜色，显现"重彩工笔画"的色调。

例二 人物画白描

效果图

原 图

素材与拍摄

　　为便于在后期制作时将主体与背景分离，应选择与主体在明暗、色彩、虚实上存有较大差异的背景。

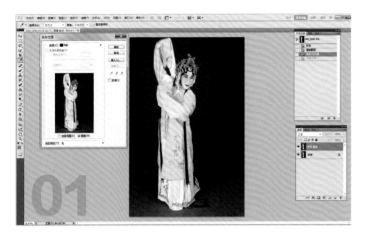

01. 执行"文件 > 打开"命令，调入图片，右击"背景"图层，在弹出的菜单中选择"复制图层"，单击"确定"按钮，生成"背景 副本"图层。

工笔白描是用线条画在白纸上的，所以黑背景一定要去掉。由于黑背景色彩比较单一，可执行"选择 > 色彩范围"命令，点击"选择"栏右侧的"▼"打开菜单，点选"阴影"，设定"颜色容差"数值为 30 左右，点击"确定"按钮即可看到阴影区域的蚂蚁线。

02. 选择"快速选择工具"，在工具属性栏中按下"从选区减去"按钮，去掉人物身上的蚂蚁线。其中，细微处可降低工具大小的像素。

03. 执行"图像 > 调整 > 色阶"命令，向左拖动高光区域滑块，至背景色消失，然后按快捷键"Ctrl+D"清除蚂蚁线。

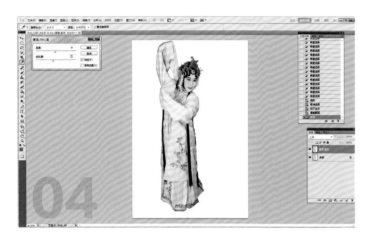

04. 执行"图层 > 合并可见图层"命令，然后复制"背景"图层，生成"背景 副本"图层。执行"图像 > 调整 > 去色"命令，继而执行"图像 > 调整 > 亮度/对比度"命令，适当降低"对比度"可采集到更丰富的线条。

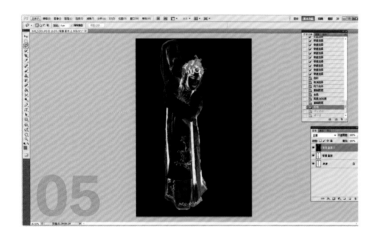

05. 右击"背景 副本"图层，在弹出的菜单中点选"复制图层"，单击"确定"按钮，生成"背景 副本 2"图层，执行"图像 > 调整 > 反相"命令。

06. 设置"背景 副本 2"图层的"图层混合模式"为"颜色减淡"，执行"滤镜 > 其他 > 最小值"命令，在"最小值"对话框中设定"半径"为 1—3 像素。

07. 进一步强化线条。左键双击"背景 副本 2"图层，打开"图层式样"对话框，勾选"描边"，"混合颜色带"中对"下一图层"做以下操作：按住"Alt 键"的同时用鼠标拉开黑场、白场两对滑块，观察强化线条和调整明暗层次的状况，然后点击"确定"按钮。

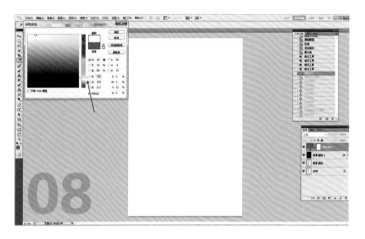

08. 为作品添加底色。执行"图层 > 新建填充图层 > 纯色"命令，点击"新建图层"对话框"颜色"栏右侧的"▼"，在弹出的"拾取实色"对话框中，拖动色条旁边的滑块至黄色区域，然后用鼠标点选自己喜欢的颜色位置。

09. 将"颜色填充 1"图层的"图层混合模式"设为"正片叠底"，微调"不透明度"选项和"填充"选项的数值，调整画面色彩的浓淡和影调的明暗。

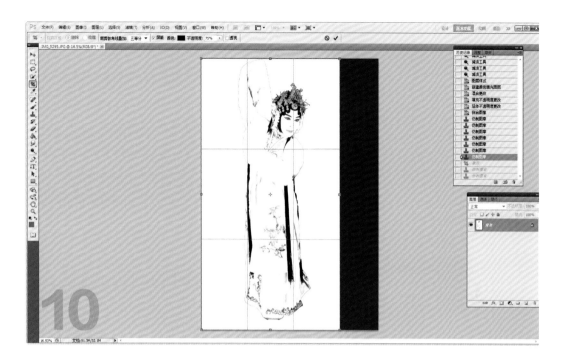

10. 执行"图层 > 拼合图像"命令，适当裁剪图像后保存图像。

基本创作思路与手法

　　色彩范围、色阶，获得主体，清除原背景→去色、反相、滤镜 > 其他 > 最小值、图层样式，强化线条→图层 > 新建填充图层 > 纯色，变换背景颜色。

第三章

西洋画、版画画意摄影创作

西方绘画艺术源远流长，品种繁多，包括油画、水彩、水粉、素描、铅笔画等多个画种，尤其油画艺术更可以说是世界绘画艺术中最有影响的画种。

油画是西洋画的主要画种，它是用油质颜料在布、木板或厚纸板上画成，其特点是油画颜料色彩丰富鲜艳，能够充分表现物体的质感，使描绘对象显得逼真可信，具有很强的艺术表现力。同时，油画颜料又有较强的覆盖力，易于修改，为画家提供了艺术创作的便利条件。

西方绘画的审美趣味，在于真和美。西洋画追求对象的真实和环境的真实。为了达到逼真的艺术效果，十分讲究比例、明暗、解剖、色度等科学法则，运用光学、几何学、解剖学、色彩学等作为科学依据。

概括地讲，如果中国绘画尚意，那么西方绘画则尚形；中国绘画重表现、重情感，西方绘画重再现、重理性；中国绘画以线条作为主要的造型手段，西方绘画主要是由光和色来表现物象；中国绘画不受空间和时间的局限，西方绘画则严格遵守空间和时间的界限。

本章将依次介绍西洋画中的素描、水彩、油画以及版画在画意摄影后期的创作步骤与方法。

油画《伏尔加河上的纤夫》[作者伊里亚·叶菲莫维奇·列宾（Ilya Yafimovich Repin），俄国画家。该画创作于1870—1873年，其构图、线条、笔力等绘画技巧都是相当成功的]

水彩画《阳台上的温莎城堡》[作者保尔·桑德比（Paul Sandby），英国画家。他的画法是在描画好的草图上再着水彩，还喜欢在风景画上加些人物，显得更生动、更富有生活气息。他的绘画技法格外受人重视，不仅得到很大的发展，也赢得了后来的水彩画家的无限追崇，被誉为"水彩画之父"]

第一节 素描画

　　广义上的素描，指一切单色的绘画；狭义上的素描，专指用于学习美术技巧、探索造型规律、培养专业习惯的绘画训练过程。素描是一种正式的艺术创作，是一切绘画的基础。

　　素描以单色线条来表现直观世界中的事物，亦可表达思想、概念、态度、感情、幻想、象征，甚至表达抽象的内容和形式。它不像带色彩的绘画那样重视总体和彩色，而是着重结构和形式。

《老农》（李振宇作）

原图

《社火演员》（赵晓航作）

原 图

《街头艺人》（赵晓航作）

原 图

创作实例详解

例一 风景画

效果图

原 图

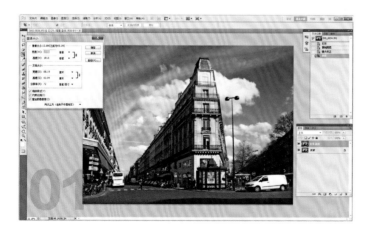

01. 执行"文件 > 打开"命令，调入图片。在"图层"面板上右击"背景"图层，在弹出的菜单中选择"复制图层"，点击"确定"按钮，生成"背景 副本"图层。

　　原图左侧楼房有畸变，执行"滤镜 > 镜头校正"命令，在弹出的"镜头校正"对话框中点选"自定"选项卡，拖动"垂直透视"滑块向左移动，直至楼房呈垂直状。执行"图像 > 图像大小"命令，降低图像像素长边至 2000—2500 像素，适当裁剪图像。

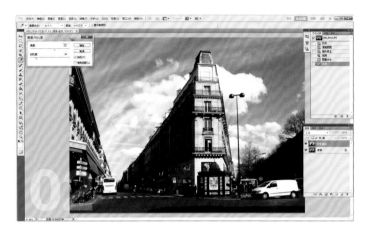

02. 分别执行"图像 > 调整 > 亮度 / 对比度"命令和"图像 > 调整 > 去色"命令。

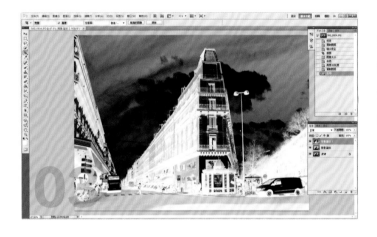

03. 右击"背景 副本"图层，在弹出的菜单中选择"复制图层"，单击"确定"按钮，生成"背景 副本 2"图层。执行"图像 > 调整 > 反相"命令。

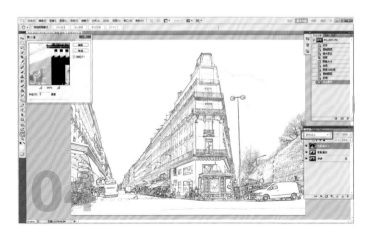

04. 设置"背景 副本 2"图层的"图层混合模式"为"颜色减淡"，此时画面一片空白，这是正常的；执行"滤镜 > 其他 > 最小值"命令，在"最小值"对话框中设定"半径"数值为 1 像素，点击"确定"按钮。

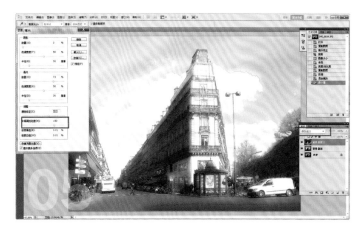

05. 执行"图像 > 调整 >
阴影 / 高光"命令，尝试拖动
对话框中的各个滑块，以调整
出较好的影调（西画最主要的
特征就是明暗、透视、线条）。
按快捷键"Ctrl+Shift+Alt+E"
盖印可见图层，保存前面所有
操作在本图层中。

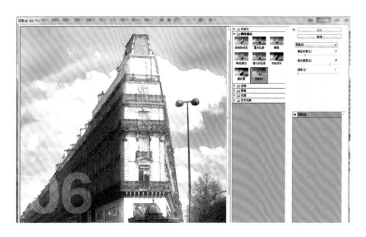

06. 执行"滤镜 > 画笔描
边 > 阴影线"命令，设置"描
边长度"数值不宜过大。根据
创作素材的不同，也可通过执
行"滤镜 > 艺术效果 > 彩色铅笔"
或"滤镜 > 艺术效果 > 粗糙蜡
笔"命令实现类似效果。

07. 选择"画笔工具"，
选取适合描绘画面景物的画
笔。这里使用的是 Photoshop
CS5（CC）自带的"湿介质
画笔 > 圆钝形条痕"画笔。选
取和使用画笔的方法如下：

选择"画笔工具"，在工
具属性栏中点击画笔大小图标
右侧"▼"以打开"画笔预设
选取器"，在弹出的菜单中，
点击右上角"⊞"图标，即弹
出"画笔种类"菜单栏，点选"湿

介质画笔", 在弹出的对话框中点击 "确定" 按钮, 然后在弹出的画笔图标栏中, 用鼠标缓慢移动于每一个画笔图标时, 会自动显示出它的名称, 点击 "圆钝形条痕" 画笔的图标, 即完成画笔选取步骤。

选取画笔的颜色。点击工具栏中的 "前景色" 图标, 在弹出的 "拾色器 (前景色)" 对话框中, 点选素描画的浅灰色, 点击 "确定" 按钮。

设定画笔的形态。在工具属性栏中点击 "画笔预设" 图标, 在弹出的 "画笔" 面板中完成以下设置: 在 "画笔笔尖状态" 中, 勾选 "平滑" "保护纹理"; 调整画笔的 "大小" "角度" 和 "间距", 赋予数值或拖动滑块均可。

画笔涂抹。涂抹时应根据景物的特征而适时调整 "间距" "大小" 及 "角度" (因为在真实绘制素描画时, 笔触不可能一样长且始终保持同一方向), 如果感觉笔触生硬、画笔重叠处过黑, 可适当调整画笔的 "不透明度" 和 "流量", 使涂抹区域呈现出自然、均衡的状态。对此, 需要读者在学习中慢慢尝试和把握。

小贴士

素描画的 "明暗五大面" 包括: 亮面、灰面、明暗交界面 (最暗)、投影面、反光面。

我们在使用画笔涂抹时, 应当了解上述艺术技法与规则, 并在操作中运用笔尖状态、角度、间距、大小、流量、不透明度的设定与变换加以模仿。

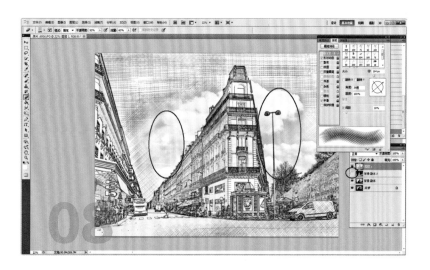

08. 隐藏 "背景 副本 2" 图层, 选择 "橡皮擦工具" 擦出白云 (注意 "流量" 和 "不透明度" 数值的把握)。

09. 执行"图层＞拼合图像"命令，微调"亮度""对比度"和"色阶"，保存图像。

小贴士

　　中国文化传统是"书画同源"。其中，题跋是书写作品的品评、追述故事、考证版本及渊源等方面的文字，可为书画作品锦上添花。西洋画的作者通常在作品画面右（左）下角对主体结构无大碍的位置签署姓名或缩写，以及作品的完成时间。为使画意摄影作品贴近西洋画的艺术传统，我们采用以下方法制作署名：

　　选择"横排文字工具"，在工具属性栏中设定适当的字体、字号及颜色，左键点击画面的恰当位置完成文字输入，然后执行"编辑＞变换＞旋转"命令，拖动画面右上角锚点，使字体呈右上15°—20°方向旋转，然后双击鼠标左键，完成创作步骤。最后可使用相同的方法签署作品完成日期。

基本创作思路与手法

　　镜头矫正，还原景物形态→去色、反相、颜色减淡、滤镜＞其他＞最小值，强化线条→画笔工具，体现素描画的笔触与肌理。

例二 人物画

效果图

原 图

01. 执行"文件 > 打开"命令调入图片。在"图层"面板上右击"背景"图层，在弹出的菜单中选择"复制图层"，点击"确定"按钮，生成"背景 副本"图层。选择"裁剪工具"剪裁图像，突出人物主体。执行"图像 > 图像大小"命令，在"图像大小"对话框中将图像长边设置为2000像素左右，为使用滤镜做准备。

02. 为人物抠图：选择"快速选择工具"，在工具属性栏中设置合适的"大小"，勾勒出人物边缘。点击工具属性栏中的"调整边缘"按钮，在弹出的"调整边缘"对话框中，适当拖动"羽化"滑块以显现自然的边缘。执行"选择 > 反向"命令，将选区改换到背景区域，然后执行"图像 > 调整 > 色阶"命令，向左拖动高光区域滑块，以清除背景。

03. 使用"仿制图章工具""加深工具"和"减淡工具"，修饰面部阴影。执行"图像 > 调整 > 阴影 / 高光"命令，调整画面整体的明暗。

素描有两个重要元素：一是比例与透视的空间关系，二是用黑、白、灰表现光的明暗关系。照片已经保证了空间关系，明暗关系就显得尤为重要，这一步调整到位就事半功倍了。

04. 执行"滤镜 > 画笔描边 > 阴影线"命令，在"阴影线"对话框中，适当调整"描边长度""锐化程度"和"强度"的数值，重点关注面部的线条与阴影。

05. 选择"橡皮擦工具",设定适当的"不透明度"和"流量",擦除滤镜导致的眼、眉、唇等重点部位的模糊状态,达到似清晰但又保留部分笔触的效果。按快捷键"Ctrl+Shift+Alt+E"盖印可见图层,保存前面已操作过的画面。

06. 执行"滤镜 > 画笔描边 > 成角的线条"命令,在"成角的线条"对话框中,适当调整"方向平衡""描边长度"和"锐化程度"数值,注意头发及围巾等线条要比面部粗犷些。

07. 选择"橡皮擦工具",注意控制其"不透明度"和"流量",恢复"背景 副本"图层中人物面部的细节。执行"滤镜 > 锐化 >USM 锐化"命令,放大图像观察,把握好锐化程度。

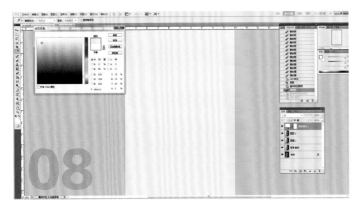

08. 执行"图层 > 新建填充图层 > 纯色"命令，根据画面选择背景色，这里使用的是淡米色。

09. 将"颜色填充 1"图层的"图层混合模式"设为"正片叠底"。执行"图层 > 拼合图像"命令，然后对"背景"图层执行"图层 > 复制图层"命令，在"复制图层"对话框中单击"确定"按钮，生成"背景 副本"图层。

执行"图像 > 调整 > 黑白"命令，勾选"黑白"对话框中的"色调"复选框以确定基色，再微调其他颜色数值，使画面明暗关系更加清晰明朗。

之所以将"黑白"步骤放在后期执行，是因为如果在先期就改变为黑白片进行处理，其色域远不如 RGB 宽泛，明暗关系就显得生硬多了。

10. 调整"色阶"，微调"亮度 / 对比度"，对全画面进行调整。

11. 执行"滤镜 > 纹理 > 纹理化"命令。在"纹理化"对话框中，"纹理"点选"画布"，按照原片中的光线状态点选"光照"角度，适当调整"缩放""凸现"的数值，然后点击"确定"按钮。执行"图层 > 拼合图像"命令，署名并保存图像。

基本创作思路与手法

图像大小调整，为使用滤镜打基础→快速选择工具、色阶，清除背景→加深、减淡工具与阴影／高光，调整明暗→滤镜 > 画笔描边 > 阴影线、成角的线条，体现素描画的笔触→填充工具，改变画面背景色→图像 > 调整 > 黑白，确定画面色调→滤镜 > 纹理 > 纹理化，打造素描画的基底。

第二节 水彩画

　　水彩画是用水调和透明颜料作画的一种绘画方法，简称水彩。其显著特点是画面大多具有通透的视觉效果。

　　水彩画创作技法较多，比如干画法、湿画法、留空法以及诸多特殊技法（刀刮法、蜡笔法、吸洗法、撒盐法、喷水法、对印法、油渍法）。

《童趣》（赵晓航作）

原　图

《罗马假日》（李振宇作）

原 图

《水乡一隅》（赵晓航作）

原 图

创作实例详解

例一 风光画

效果图

原 图

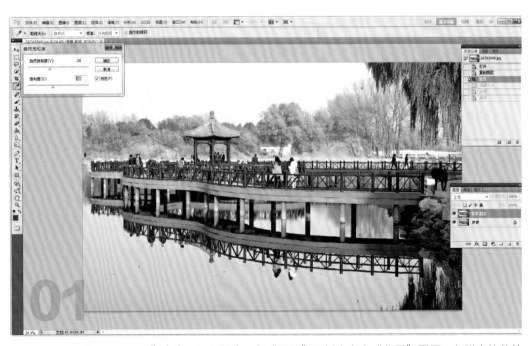

01. 执行"文件 > 打开"命令，调入图像。在"图层"面板上右击"背景"图层，在弹出的菜单中选择"复制图层"，点击"确定"按钮，生成"背景 副本"图层。使用"裁剪工具"裁切图像。执行"图像 > 调整 > 自然饱和度"命令，适当降低饱和度，以能够创作出淡雅风格的水彩画为准。

02. 执行"图像 > 调整 > 去色"命令，然后执行"图像 > 图像大小"命令，适当减小图像的像素，为使用滤镜做准备。

03. 执行"滤镜 > 模糊 > 特殊模糊"命令，在"特殊模糊"对话框中的"品质"栏点选"中"，从预览窗观察画面的效果以决定"半径"及"阈值"数值，点击"确定"按钮。将"背景副本"图层的"图层混合模式"设为"明度"，图像出现色彩。

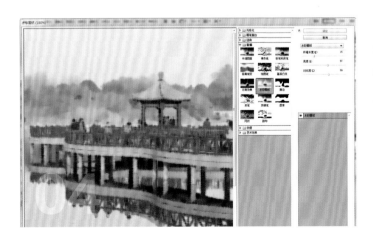

04. 执行"滤镜 > 素描 > 水彩画纸"命令，注意"亮度"和"对比度"数值一般不超过60，点击"确定"按钮。

05. 执行"滤镜＞艺术效果＞绘画涂抹"命令，适当调整"绘画涂抹"对话框中"画笔大小""锐化程度"的数值，"画笔类型"点选"简单"，单击"确定"按钮。由于本图的部分细节有栏杆、亭子、人物，所以采用"绘画涂抹"滤镜，如果是大面积色块，则可以选择调色刀、水彩滤镜等。读者可根据画面主体的表现内容决定使用何种滤镜。

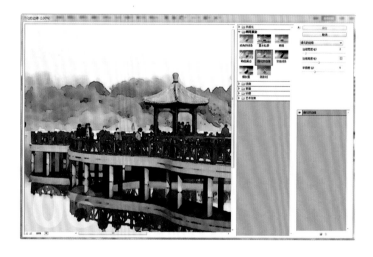

06. 执行"滤镜＞画笔描边＞强化的边缘"命令。画水彩画时，一般要等前一层颜料略干之后再画第二层（或使用吹风机吹干），故较重的色彩会在边缘留下痕迹，此步骤就是模拟这种效果。

小贴士

　　水彩画的颜料分为透明水彩和不透明水彩两种。色彩重叠时，下面的颜色会透过来。画水彩大都采用干画和湿画结合的技法进行，使得水彩画的特点表现充分、浓淡枯润、妙趣横生。

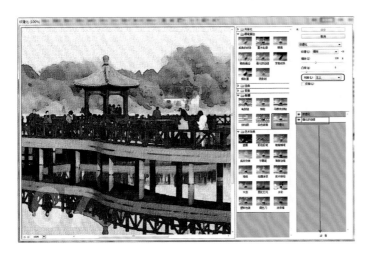

07. 执行"滤镜 > 纹理 > 纹理化"命令，在"纹理化"对话框中，点击右下方"新建效果图层"。从亭子顶部的光线状态判断光源方向应为左上，故在对话框的"光照"栏点选"左上"，单击"确定"按钮。

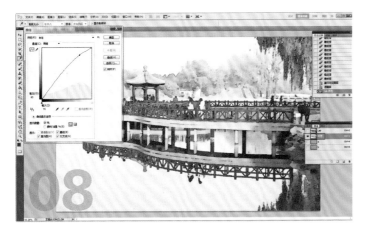

08. 按快捷键"Ctrl+Shift+Alt+E"盖印可见图层。为扩展作品的色域，丰富作品的色彩，执行"图像 > 模式 >lab 颜色"命令，在弹出的对话框中点选"不拼合"。在"通道"面板上点击"明度"，继而执行"图像 > 调整 > 曲线"命令。明度只对明暗起作用，我们希望画面透亮、明快，故在曲线调整面板中，左键单击高光处，将调节点向左上提拉，然后点击"确定"按钮，以实现调整效果。

09. 点击"图层"面板，执行"图像 > 模式 >RGB 颜色"命令，在弹出的对话框中选择"不拼合"，此时画面出现调整后的理想色彩。执行"图层 > 拼合图像"命令，然后执行"图像 > 调整 > 自然饱和度"命令，轻微下调饱和度与自然饱和度，以形成淡雅的绘画风格。

10. 在右下角签名。执行"图层 > 拼合图像"命令，保存图像。

基本创作思路与手法

　　饱和度、去色、特殊模糊、明度，改变原片的色调，创作出淡雅风格的水彩画→水彩画纸、绘画涂抹，强化边缘，突出水彩画的色调及其笔触→纹理化，营造水彩画的质地效果→图像 > 模式 >lab 颜色，虽然部分色彩不可见，但扩展了作品的色域，丰富了作品的色彩→图像 > 模式 >RGB 颜色，便于输出、制作作品。

例二 人物画

效果图

原图

01. 执行"文件 > 打开"命令，调入图像。在"图层"面板上右击"背景"图层，在弹出的菜单中选择"复制图层"，点击"确定"按钮，生成"背景 副本"图层。使用"裁剪工具"裁切图像，突出人物。执行"图像 > 图像大小"命令，在"图像大小"对话框中将图像长边设置为 2000 像素左右。

02. 清除没有绘画元素的背景。选择"快速选择工具"，在工具属性栏中点选"添加到选区"，设定适当的画笔"大小"后做人物选区。执行"选择 > 反向"命令。

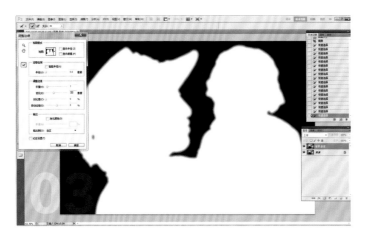

03. 在工具属性栏中点击"调整边缘"按钮。水彩画不需要很锐利的边缘，所以在"调整边缘"对话框中对"平滑"和"羽化"设定适当的数值，避免边缘生硬。

04. 执行"图像 > 调整 > 色阶"命令，在"色阶"对话框中，向左拖动高光区域的滑块，将背景处理干净（也可使用快捷键"Ctrl+Del"）。

05. 执行"滤镜 > 模糊 > 特殊模糊"命令，在"特殊模糊"对话框中将"品质"设为"中"，调整"半径"和"阈值"时应注意人物面部及眼睛的变化。

06. 微调"对比度"，注意暗部应保有层次和细节。

07. 执行"滤镜 > 艺术效果 > 调色刀"命令，适当调整"描边大小"和"描边细节"。

其他滤镜也可以达到水彩画的效果，具体选择哪种滤镜，要根据画面内容及想要产生的最终效果而定。

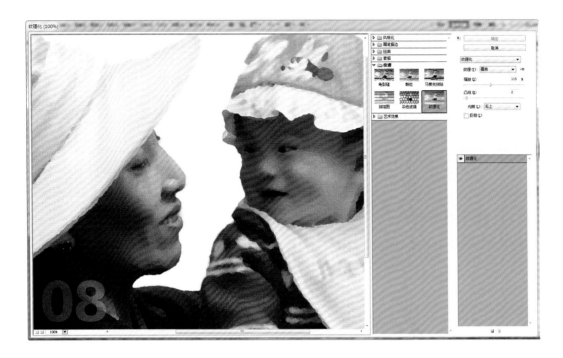

08. 选择"橡皮擦工具"，设定适当的"流量"和"不透明度"将大人和孩子的眼睛、嘴唇擦出，以显示四目相对的温馨。执行"图层＞合并可见图层"命令。

执行"滤镜＞纹理＞纹理化"命令，在"纹理化"对话框中，"纹理"设定为"画布"，"光照"设定为"右上"，适当调整"缩放"和"凸现"的数值。

再次使用"橡皮擦工具"涂抹人物的眼、鼻、唇以达到清晰的效果。微调"色阶""对比度"后署名并保存图像。

基本创作思路与手法

图像大小调整，降低像素，为使用滤镜做准备→快速选择工具、反向、色阶，处理背景→特殊模糊、调色刀，体现水彩画的技法和笔触→橡皮擦工具，恢复人物的清晰度→纹理化、橡皮擦工具，营造水彩画的质地效果，恢复人物的清晰度。

第三节 油画

　　油画是用快干性的植物油调和颜料，在画布、亚麻布、纸板或木板上进行绘画制作的一个画种，是西洋画的主要画种之一。油画的流派分为两大类：以客观再现为主的创造性作品和以主观表现为主的创造性作品。

　　油画的技法形式讲究作画时使用挥发性的松节油和干性的亚麻仁油为稀释剂与颜料调和。用画笔、画刀以透明覆色法或不透明着色法将颜料附着在画布上。颜料有较强的硬度，当画面干燥后，能长期保持光泽。凭借颜料的遮盖力和透明性能较充分地表现描绘对象，且色彩丰富，立体质感强。

《藏族老汉》（李振宇作）　　　　　　　　　　原　图

《古北水镇之夏》（李振宇作）　　　　　　　　原　图

《额尔古纳风光》（赵晓航作）　　　　　　　　原　图

创作实例详解

例一 风光画

效果图

原 图

01. 执行"文件 > 打开"命令,调入图像。在插件"ACR"中逐一调整"亮度""对比度""锐度"及"色相",点选工作界面下方的"打开图像",转换到 CS(CC)界面。

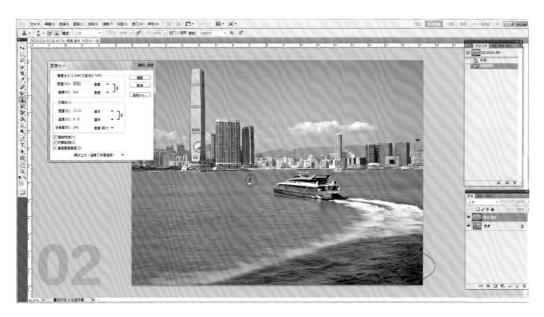

02. 在"图层"面板上右击"背景"图层，在弹出的菜单中选择"复制图层"，点击"确定"按钮，生成"背景 副本"图层。执行"图像 > 图像大小"命令，调整图像长边为 1200—1800 像素。使用"仿制图章工具"将画面中不协调的杂物修掉。使用"减淡工具"（中间调，曝光度 20）将画面右下角海水部位适当提亮。

03. 执行"滤镜 > 艺术效果 > 绘画涂抹"命令。在"绘画涂抹"对话框中，调整"画笔大小"和"锐化程度"，注意观察云和海水的效果，点击"确定"按钮。按快捷键"Ctrl+Shift+Alt+E"盖印可见图层，使所有调整动作保存在本图层。

小贴士

以下步骤将进入为画面添加油画肌理效果的阶段。为此，先介绍几个相关的知识点：

1. 油画肌理的定义及其艺术作用。肌理是绘画形式语言的重要组成部分，其直观的表现是纹理，而凹凸、粗细、浓淡、厚薄等是构成肌理的要素。它主要用于传递画家的情感，营造意境，增强油画作品的视觉冲击力及表现力，促进画家个性化艺术风格的形成。

2. 肌理素材的选取。笔者采用两种方法，一是从网络下载，如下左图。二是拍摄真实油画，截取其局部获取素材，如下右图。

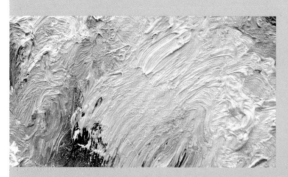 

平时注意积累多种肌理的素材，以备用于创作各种体裁和风格的油画。

3. 肌理素材的调整。由于肌理素材的像素大小、笔触粗细、行笔方向各不相同，不一定能满足所创作油画的要求。直接运用下载素材予以叠加所产生的效果图如下：

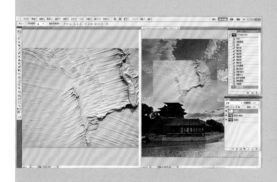 

可以看出，由于下载素材的画面区域过小、像素过低，致使严重损坏了原本十分精彩的天空景象。这说明肌理素材在使用前的调整是必要的。

下列网络下载的肌理素材存在较多、较大的缺陷：一是尺幅过小、像素较低，难以覆盖原片；二是创作原片为横幅，而肌理素材为竖幅，致使创作原片与肌理素材之间产生较大的纹理差异；三是笔触过于粗犷，必定损伤原片的细节；四是其颜色与原片差距较大。基于上述原因，如果直接使用，必将破坏创作例片的美感。

根据肌理素材的诸多缺陷，进行下列针对性的调整：

（1）复制肌理素材图片以备用。执行"文件＞打开"命令，调入素材图像，执行"文件＞存储为"命令，在弹出的对话框中为其命名新名称。

（2）设置素材图片的拓展空间。执行"文件＞打开"命令，调入原素材图像。在"图层"面板上右击"背景"图层，在弹出的菜单中选择"复制图层"，点击"确定"按钮，生成"背景 副本"图层。执行"图像＞画布大小"命令，在"画布大小"对话框中，勾选"相对"复选框，"定位"栏按照创作原图的尺幅（横幅）横向拓展，适当增加"宽度"数值。

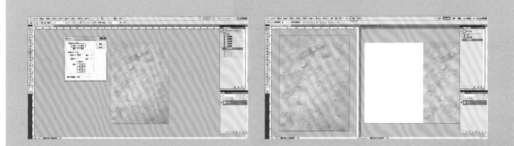

（3）拼合制作新的肌理素材。执行"文件＞打开"命令调入"备用"素材图像，按快捷键"Ctrl+A"全选图像，执行"排列文档＞双联"命令，工作界面呈现二图并列。选择"移动工具"将肌理素材图片拖移到新素材图像预留的空白处，注意接缝处的严密衔接。

如果新素材图片的笔触、纹理、影调仍然与创作原片有差异，可分别执行"编辑＞变换＞旋转""编辑＞变换＞翻转"和"图像＞调整＞亮度/对比度"命令予以调整，使肌理素材图片尽量与创作原图相吻合。

（4）调整肌理素材图片的色调。此内容结合下列操作步骤介绍。

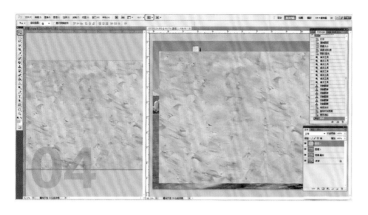

04. 分别调入创作原片和调整后的肌理素材图片，对素材图片执行"图像＞调整＞去色"命令，使图像变为灰色（将肌理素材变为灰色，是因为灰色不影响原画面的主体色彩，只对明暗度发生作用）。按快捷键"Ctrl+A"全选图像，选择"移动工具"。执行"排列文档＞双联"命令，将素材图片拖至创作图片中。执行"编辑＞变换＞缩放"命令，拖动素材图片边缘的"锚点"将素材图片覆盖全图。

05. 将"图层2"的"图层混合模式"设为"强光"（读者可以多试几种图层混合模式，选出最佳模式）。

06. 按快捷键"Ctrl+Shift+Alt+E"盖印可见图层。以地平线为界，选择"快速选择工具"对天空做选区，点击工具属性栏中的"调整边缘"按钮，在弹出的"调整边缘"对话框中将"羽化"数值设定为2像素，执行"图像＞调整＞可选颜色"命令，调整颜色滑块使天空的蓝色略带些黑灰。

07. 执行"选择 > 反向"命令，将选区变换为海面区域，执行"图像 > 调整 > 可选颜色"命令，拖动颜色滑块，减弱原图中的青绿色。使用"橡皮擦工具"清除肌理素材部分条纹与海面不协调的地方。通过调整"色阶""高光 / 阴影""饱和度"微调整体画面。执行"图层 > 拼合图像"命令，然后保存图像。

基本创作思路与手法

　　亮度、对比度、图像大小调整，为制作油画打基础→滤镜 > 艺术效果 > 绘画涂抹，打造油画的基本艺术特征→编辑 > 画布大小、排列文档 > 双联、移动工具，添加油画肌理→图像 > 调整 > 可选颜色、色阶、高光 / 阴影、饱和度，分别调整天空、海面以及全图的影调。

例二 人物

效果图

原 图

01. 执行"文件 > 打开"命令，调入图像。在"图层"面板上右击"背景"图层，在弹出的菜单中选择"复制图层"，点击"确定"按钮，生成"背景 副本"图层。执行"图像 > 图像大小"命令，在"图像大小"对话框中将长边设置为1500—2500像素。使用"裁剪工具"裁切图像，突出人物主体。

02. 调整"色阶"和"饱和度",体现油画"色彩丰富"的艺术特征。使用"污点修复画笔工具"清除人物面部瑕疵。

03. 执行"滤镜>艺术效果>干画笔"命令,在调节"画笔大小"和"画笔细节"时,应放大图像观察人物脸部、手部的变化,然后点击"确定"按钮。

04. 在"背景 副本"图层上右击鼠标,在弹出的菜单中选择"复制图层",点击"确定"按钮,生成"背景 副本2"图层。执行"滤镜>艺术效果>绘画涂抹"命令(图为"绘画涂抹"的参数值)和"滤镜>艺术效果>调色刀"命令,这里试图表现的是用油画笔描绘头发和围巾的笔触感,此时不用顾及面部和手。

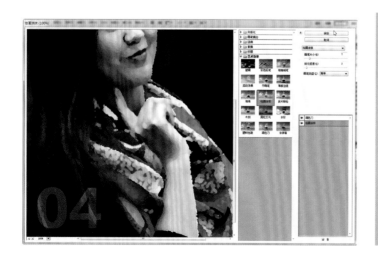

小贴士
　　03和04步骤之所以在不同的图层中使用滤镜,是为避免后一滤镜的运用影响前一滤镜的操作效果。比如需要保留03步骤的滤镜效果时,便可在04步骤中使用橡皮擦工具局部恢复,这就是图层的功能与特点。

05. 本图为"调色刀"的参数值。

06. 选择"橡皮擦工具"，设置"流量"和"不透明度"为100%，涂抹人物发际、面部、手臂，以恢复03步骤调整的人物效果。

07. 选择"涂抹工具"，在工具属性栏中设定较小的"强度"涂抹头发、围巾以表现画笔笔触。

08. 按快捷键"Ctrl+Shift+Alt+E"盖印可见图层。选择"减淡工具",在工具属性栏中将"范围"设为"中间调","曝光度"设为30%,设定较小的笔触提亮眼神光和眼白。选择"海绵工具",在工具属性栏中将"模式"设为"饱和","流量"设为50%,为人物嘴唇润色。然后使用"减淡工具"提亮嘴唇局部,以模拟唇膏效果。

09. 执行"滤镜 > 纹理 > 纹理化"命令,在"纹理化"对话框中将"纹理"设为"画布",注意相关数值的设定。因为人物的面部和肌肤需要细腻感,所以"凸现"数值不宜过高,"光照"方向根据图片的光线状态决定,点击"确定"按钮。执行"图层 > 拼合图像"命令。

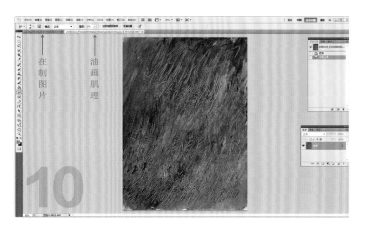

10. 执行"文件 > 打开"命令,调入人物肌理素材图片,此时"工作窗口"呈现"一明一暗"的两幅图片的名称。

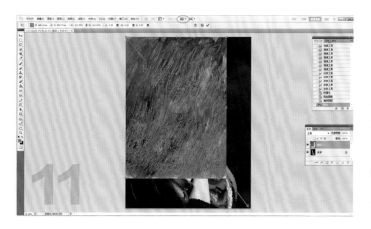

11. 执行"排列文档 > 双联"命令，则工作界面呈现二图并列。点击肌理素材图片，按快捷键"Ctrl+A"全选图片，选择"移动工具"，将肌理图片拖至人像图中，继而执行"编辑 > 变换 > 缩放"命令，拖动肌理图片的"锚点"覆盖原图片。

12. 将"图层1"的"图层混合模式"设为"柔光"，适当降低"不透明度"和"填充"数值。读者可以多试几种图层混合模式以选出最佳效果。

13. 使用"橡皮擦工具"把覆盖在人物脸部、手部的肌理痕迹擦除。

14. 执行"图层 > 拼合图像"命令，然后微调"对比度""色阶""饱和度"，保存图像。

基本创作思路与手法

　　图像大小调整，为使用滤镜做准备→艺术效果 > 干画笔、调色刀，表现油画的技法和艺术特征→图层、橡皮擦工具，在复制图层的前提下，使用橡皮擦工具涂抹滤镜覆盖的主体部位→纹理化 > 画布，添加油画材质的视觉效果→移动、橡皮擦工具，添加油画肌理素材，表现绘制油画的笔触感，并擦掉覆盖在主体部位的肌理痕迹。

第四节 版 画

　　版画是绘画形式的一种。当代版画的概念主要指由艺术家构思创作并通过制版和印刷程序而产生的艺术作品。

　　版画是以刀或化学药品等在木、石、麻胶、铜、锌等版面上雕刻或蚀刻后印刷出来的图画。这种独特的制作工艺，使得版画具有凹凸、深浅的立体感和色泽鲜艳的艺术特征。

《村口人家》（赵晓航作）

原 图

《色达佛学院一角》（李振宇作）　　　　　　　　　原 图

《细雨送归》（赵晓航作）　　　　　　　　　　　原 图

创作实例详解

例片一 风景画

效果图

原 图

素材与拍摄

　　1.取景。数码软件中的相关滤镜（木刻、浮雕等）对建筑物的棱角和画面中的色块比较"敏感"，很容易体现出版画的立体感和色泽鲜艳的艺术特征，故可选择富有立体感的建筑物、画面中具有丰富色块的场景拍摄。

　　2.构图。要安排好画面主要色块的位置，并为突出主体奠定基础。

　　3.光线。侧光、逆光将景物投影于地面而形成的阴影，极易影响主体的表现和色彩的分布，故宜于在散射光条件下拍摄。

　　4.色彩。作版画素材的图片，色彩不宜过多，以色块清晰硬朗为好。

01. 执行"文件 > 打开"命令，调入图片，使用"裁剪工具"剪裁图像，突出作品表现的主体。在"图层"面板上右击"背景"图层，在弹出的菜单中选择"复制图层"，点击"确定"按钮，生成"背景副本"图层。

02. 使用"快速选择工具"为画面中多余的石头做选区，执行"编辑 > 填充"命令，在弹出的"填充"对话框中，将"使用"设为"内容识别"，点击"确定"按钮后，石头即被去除。使用"污点修复画笔工具"或"仿制图章工具"，去除画面中不相干的杂物。

03. 执行"滤镜 > 艺术效果 > 木刻"命令，在"木刻"对话框中，拖动"色阶数"滑块，该数值决定了版画中的色块数量，故数值一般不宜过高。拖动"边缘简化度"和"边缘逼真度"滑块，仔细观察色块变化。然后点击"新建效果图层"按钮。

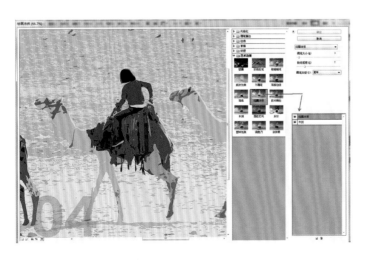

04. 执行"滤镜 > 艺术效果 > 绘画涂抹"命令，适当对"画笔大小"和"锐化程度"进行调整。

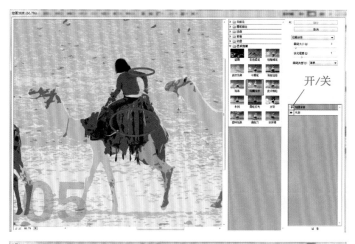

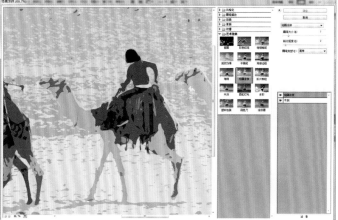

05. 通过隐藏和显示"绘画涂抹"滤镜效果,对比、判断使用"绘画涂抹"滤镜后对03步骤"木刻"滤镜使用效果的影响程度,进而设定恰当的滤镜数值,以期发挥两个滤镜各自的优势,最大限度地展现版画的艺术特征。

左侧两图中,上图为隐藏"画笔涂抹"滤镜效果而复原"木刻"滤镜效果的界面;下图为显现附加"绘画涂抹"滤镜之后的效果界面。

将两图放大局部对比观察,然后调整、设定"绘画涂抹"新的参数值。如认为效果依然不佳,还可以更换其他滤镜。

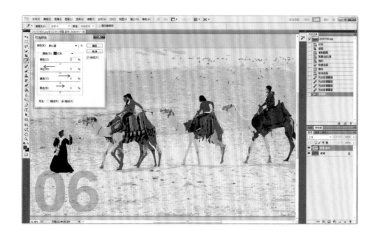

06. 执行"图像 > 调整 > 可选颜色"命令,针对画面色彩做强化或减弱处理,以刻画出线条分明、立体感鲜明的版画效果。

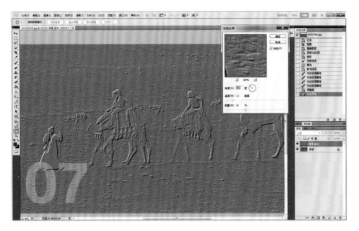

07. 执行"滤镜 > 风格化 > 浮雕效果"命令,在"浮雕效果"对话框中,"角度"依照图片光源方向确定,"高度"的像素值不宜过高以免失真,可适当调整"数量"的数值。观察效果后点击"确定"按钮。

08. 将"背景 副本"图层的"图层混合模式"设为"线性光"或"柔光",强化浮雕效果,使画面更具版画的味道。使用"加深工具"适当加强画面中的阴影。

09. 执行"图层 > 拼合图像"命令,微调"色阶"和"对比度",用"加深工具"和"减淡工具"对阴影和光亮部分用小流量修饰,保存图像。

基本创作思路与手法

污点修复画笔工具,整理画面→木刻、绘画涂抹、图像 > 调整 > 可选颜色,调整出画面中恰当而理想的色块数量,并赋之以版画"色泽鲜艳"的艺术特征→浮雕效果,体现版画的立体感→色阶、对比度,对画面做全局性调整。

例二 建筑画

效果图

原 图

01. 执行"文件 > 打开"命令，调取图片。在"图层"面板上右击"背景"图层，在弹出的菜单中选择"复制图层"，点击"确定"按钮，生成"背景 副本"图层。使用"裁剪工具"选取最佳场景、确定画面尺幅。

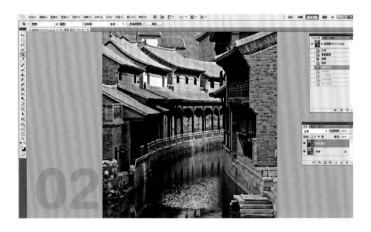

02. 调整"色阶"和"对比度",然后执行"滤镜 > 锐化 > USM 锐化"命令,强化"木刻"的特征。

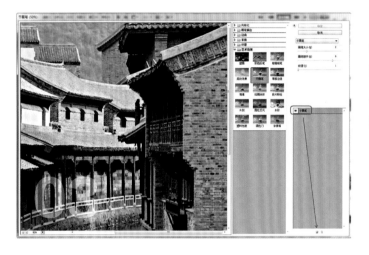

03. 执行"滤镜 > 艺术效果 > 干画笔"命令,在"干笔画"对话框中对参数进行调试,点击"新建效果图层"按钮,然后点击"确定"按钮。

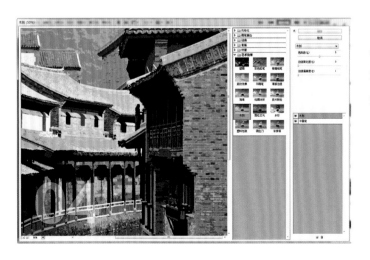

04. 执行"滤镜 > 艺术效果 > 木刻"命令,调试相关滑块数值获得满意效果后点击"确定"按钮。

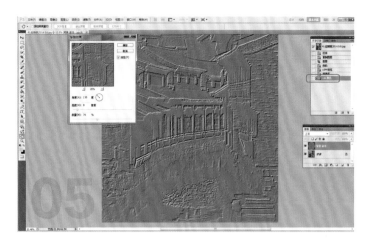

05. 执行"图像 > 模式 > Lab 颜色"命令，在弹出的对话框中点选"不拼合"，执行"滤镜 > 风格化 > 浮雕效果"命令，调整相关滑块数值。

小贴士

Lab 颜色要比 RGB、SRGB 以及 CMYK 色域宽泛得多。本片感觉色彩不够丰富，一是因为太阳快落山了，二是在背阴的水巷里。因此，在拍摄格式为 RAW 的基础上再使用 Lab 颜色，丰富了画面的色彩。

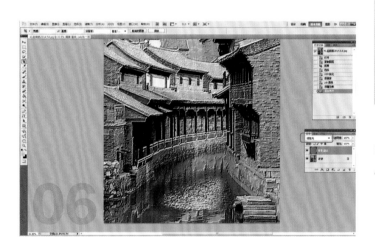

06. 将"背景 副本"图层的"图层混合模式"设为"线性光"。

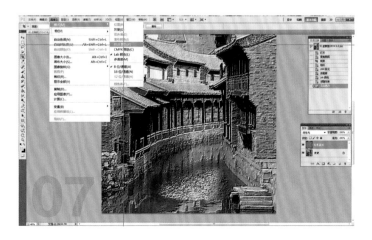

07. 执行"图像 > 模式 > RGB 颜色"命令，在弹出的对话框中点选"不拼合"。

08. 水面波纹在浮雕效果滤镜作用下显得零乱，使用"仿制图章工具"加以修饰。然后执行"图层>拼合图像"命令，微调整体画面的"色阶""对比度"，保存图像。

小贴士

创作版画的体会：

1. 尽可能利用主体景物的本色，体现木刻的艺术特征。

2. 巧妙利用"留黑"手法，对刻画的形体做特殊处理，获得版画特有的艺术效果。

3. 发挥刻版水印的特性，让大块阳刻产生强烈的艺术效果。

4. 通过巧妙构图，以丰满密集和萧疏简淡等不同风格来表现主题风格。

基本创作思路与手法

锐化，强化"木刻"的痕迹→滤镜＞木刻、干画笔，显现版画的质地→图像＞模式>Lab 颜色，丰富画面色彩→浮雕效果，强化版画中景物的凹凸、深浅的立体感。

附录：参考资料

资料一　国画的题跋、钤印及装裱

一幅完整的国画，缺不得题跋和钤印，一幅优秀的国画作品，更要有出色的书法和精湛的印章与之相配，并按照传统的展示规范进行装裱。为使画意摄影作品（特别是国画作品）的创作更贴近绘画的艺术特征及美学效果，我们有必要在题跋、钤印和装裱上面下些功夫。

为此，笔者在策划"作品展"时，均刻制了各种尺寸的印章，并请书法家在所有的国画作品上题款，还将竖幅作品按照传统的装裱工序制作为"竖轴"，横幅作品装入镜框，观众反映良好。

一、题款

中国画是融诗文、书法、篆刻、绘画于一体的综合艺术，这是中国画独特的艺术传统。中国画上题写的诗文与书法，不仅有助于补充和深化绘画的意境，而且丰富了画面的艺术表现形式，是画家借以表达感情、抒发个性、增强绘画艺术感染力的重要手段之一。

竖幅效果图（机打题跋）

横幅效果图（转帖题跋）

简单说题款就是两层意思，题：题跋；款：落款。创作画意摄影作品所用题款大致分三种：机打（利用图像处理软件自带的文字处理系统输入的题跋与落款）、转贴（将符合作品主题的书法图片转贴作题跋）和直接用毛笔在作品上面书写。由于机打题跋比较简单，而毛笔书写与数码软件无关，故本节重点介绍"转帖题跋"的方法。

　　（一）转帖书法图片用作题跋的操作步骤

01. 执行"文件＞打开"命令调入书法图片。点选"通道"面板，按住 Ctrl 键的同时点击"蓝"通道，可以看到选区的蚂蚁线，然后点击"RGB"通道。点选"图层"面板，执行"选择＞反向"命令，则选中所有黑色字体部分。

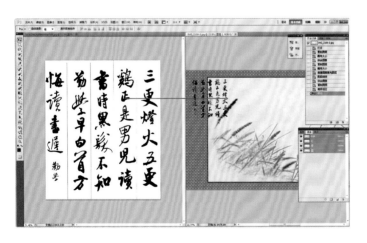

02. 执行"排列文档＞双联"命令，工作界面中出现两幅图像，选择"移动工具"，将书法文字拖至创作图像中。

03. 执行"编辑＞变换＞缩放"命令，调整题跋文字的大小，使用"移动工具"将文字置于适当的位置，然后使用"污点修复工具"清理杂色、杂点，执行"图层＞向下合并"命令。

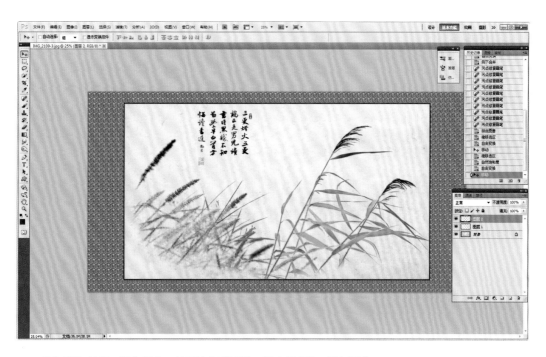

04. 添加钤印，操作同上，然后执行"图层＞拼合图像"，保存图像。

（二）使用 Photoshop CS 软件自带文字功能完成题跋的操作步骤

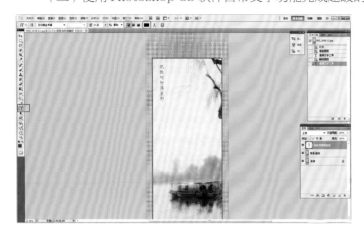

01. 执行"文件 > 打开"命令，调入图片。在"图层"面板上右击"背景"图层，在弹出的菜单中选择"复制图层"，点击"确定"按钮，生成"背景 副本"图层。选择"直排文字工具"，根据画面结构状态设置字体、字号，可以整句输入，也可单字输入。

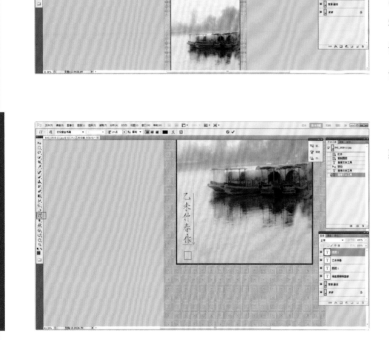

02. 运用上述方法输入落款，注意为钤印预留空间。

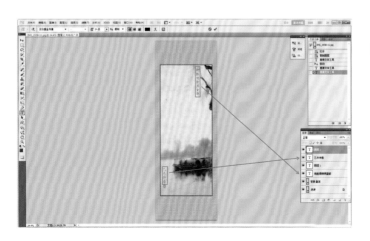

03. 文字位置的调整要注意对应的图层栏。

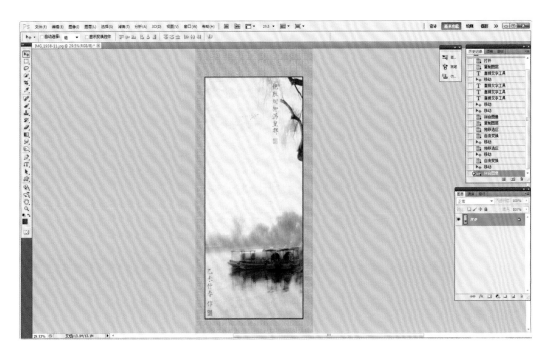

04. 添加钤印，执行"图层 > 拼合图像"命令，保存图像。

二、钤印

笔者发现，部分国画作品中的钤印不够规范，普遍存在的问题是：不论是红文印（阳文）还是白文印（阴文），均完全覆盖、遮挡住了作品内容，即没有像真印章一样的"镂空"效果，致使作品的创作功亏一篑。本节主要介绍电子印章的正确使用方法。

通过电脑制作的电子印章有多种格式的后缀（见下图），使用方法也是不同的。在这里我们仅介绍 jpg 格式印章的调用方法。其他后缀格式的印章调入后，可通过执行"图像 > 模式 >RGB 颜色"命令转换到 jpg 格式，而 gif 格式图片只需转换为"RGB 颜色"后即可直接拖入到图片中。

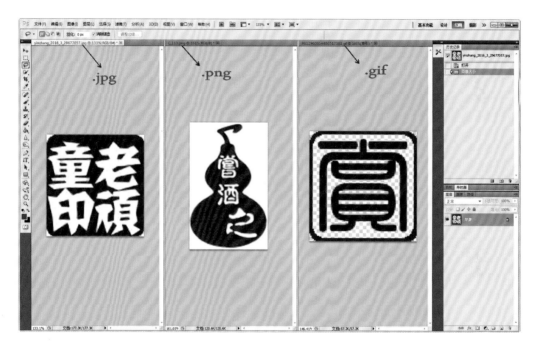

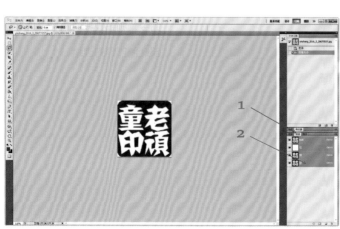

01. 执行"文件 > 打开"命令，调入电子印章。点选"通道"面板，按住 Ctrl 键的同时点击"蓝"通道，目的是选取颜色最深的通道，提取图片中有颜色的图像的所有细节。

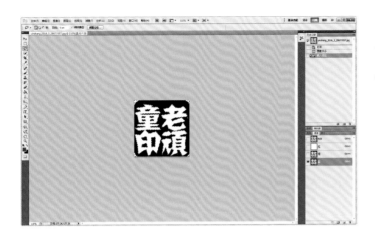

02. 按住 Ctrl 键的同时点击"蓝"通道，即可看到选区的蚂蚁线。

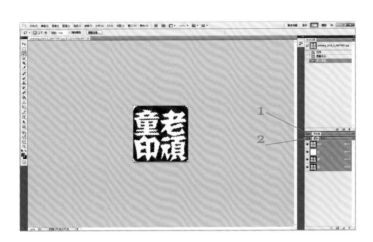

03. 点击混合通道"RGB"，然后点选"图层"面板。

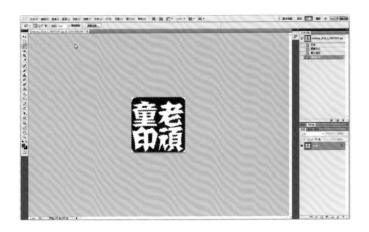

04. 执行"选择 > 反向"命令，则蚂蚁线勾勒了印章中全部红色部分的边缘。

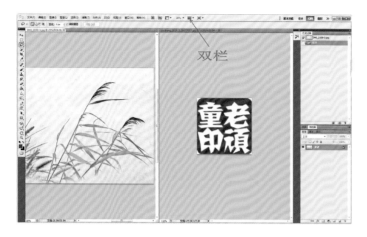

05. 执行"文件 > 打开"命令，调入需钤印的图片。执行"排列文档 > 双联"命令，两幅图片并列出现在工作界面中。

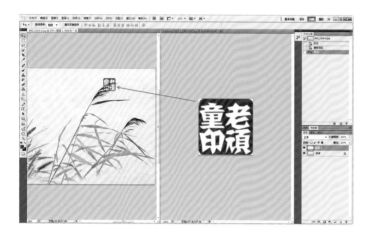

06. 使用"移动工具"将印章拖至待钤印的图像中。

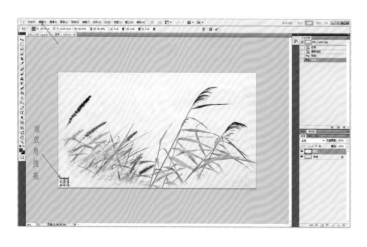

07. 鼠标拖动印章，将其放置于画面的合适位置。执行"编辑 > 变换 > 缩放"命令，调整印章大小。执行"图层 > 拼合图像"命令，保存图像。

三、装裱

书画装裱艺术是我国古代宝贵的艺术遗产之一，也是我国独有的一种装潢工艺，它随着国画和书法艺术的发展而产生，迄今已有 1000 多年的历史了。正是有了字画装裱艺术，方使我国历代书画艺术珍品得以装潢镶裱，珍藏永远。所以，古人曾有"三分画、七分裱"之说。

画意摄影作品的装裱一般分为数码装裱和传统装裱两种。想必读者对国画的传统装裱方法已经司空见惯了，且有专业的装裱店提供服务，故本节重点介绍数码装裱的操作方法。

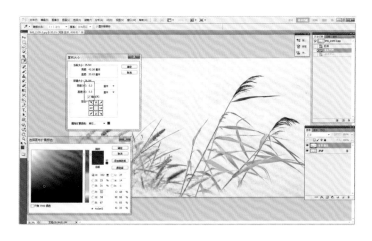

01. 执行"文件 > 打开"命令，调入需装裱的图片。在"图层"面板上右击"背景"图层，在弹出的菜单中选择"复制图层"，点击"确定"按钮，生成"背景 副本"图层。执行"图像 > 画布大小"命令，在"画布大小"对话框中，勾选"相对"选项，根据图像的大小分别设置宽、高为 0.2—0.3 厘米左右的"让局"，画布扩展颜色以褐色或暗红为主。如果画面底色偏深，"让局"则用浅色为宜。

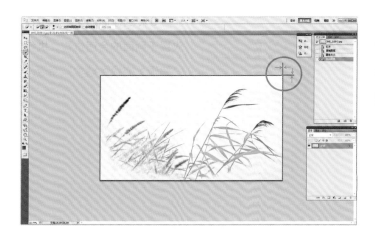

02. 检查线条的均匀及与画心的比例。执行"图层 > 合并可见图层"命令，将"让局"数值加入到画面尺寸中。

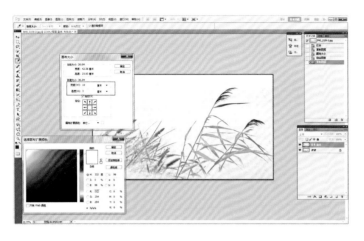

03. 在"图层"面板上右击"背景"图层，在弹出的菜单中选择"复制图层"，点击"确定"按钮，生成"背景 拷贝"图层。执行"图像 > 画布大小"命令，在"画布大小"对话框中，勾选"相对"复选框，依据图像大小，并按照宽度大于高度3—5 倍的原则设定宽、高数值，画布扩展区颜色设定为白色。

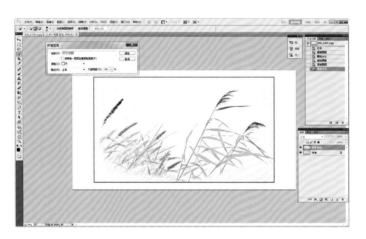

04. 检查覆背与画心的比例是否搭配。执行"图层 > 新建填充图层 > 图案"命令，在弹出的对话框中点击"确定"按钮。

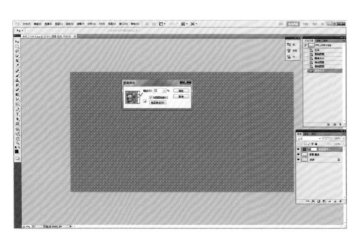

05. 在弹出的"图案填充"对话框中，点击"图案微览图"右侧的"▼"，在弹出的菜单中点选满意的图案。如果需要另选其他图案，可点击菜单右侧的"🔛"图标，在弹出的图案种类菜单中点选。选择与作品主题、色调相匹配的图案，可烘托、提升作品意境，强化感染力。

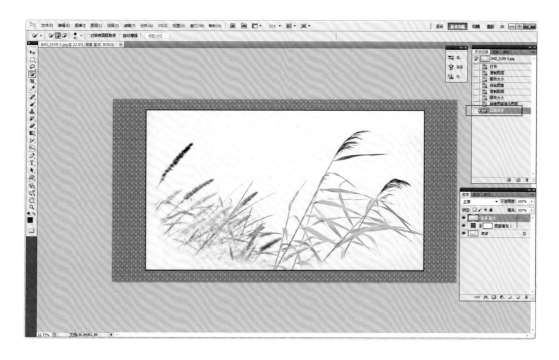

06. 在"图层"面板中，将"背景 副本"图层置顶。执行"图层 > 拼合图像"命令，保存图像。

资料二 书画印章的用法

一幅没有印章的作品不能算是完整的作品，一幅好的作品没有一方好的印章作点睛之笔，更是一种遗憾。

一、印章的种类

（一）名章

泛指作者姓名、字号等代表作者身份的印章，作为作者在作品上落款之用。一幅作品有两方以上名章时要有阴阳变化，且大小最好相近，间隔至少一个章的空位。

（二）闲章

闲章是为了丰富画面、完善构图而用的章，内容多为与作者的喜好、作品的内容有关的词句或形象。根据用印的位置又可将闲章分为三类：

1.引首章：用于作品的右上方，与落款相呼应，又与画面融为一体，因此多以自然形为主。

2.压角章：用于作品下方的一个角上，起降低画面重心、稳定画面的作用，以方形或长方形为主。

3.腰章：比较长的作品，视觉上的首尾不能相及，用一腰章能起到连接首尾的作用，多用长条或随形章。

（三）其他

1.收藏章：用于书籍等私人收藏。

2.手章：指签署文件、契约等用的私人印信。

3.龙凤章：可以作为夫妻感情的信物，一阴一阳。

4.鉴藏印：表示作品经盖印者鉴定收藏。

二、印章的规格

有方形、长方形、圆形、不规则形等。

三、盖印的位置

题识之首的右侧为盖印首章的位置。下款署名之后空半个字，或署名左侧，为盖名号印及家世印的位置。画幅右下角及左下角为盖室名印、闲章、鉴赏印、鉴藏印的位置。题跋亦为盖鉴赏印、鉴藏印的位置，亦有盖在裱背接合处或其他位置者。

资料三 Photoshop 软件常用快捷键

一、编辑操作

还原 / 重做前一步操作【Ctrl】+【Z】

自由变换【Ctrl】+【T】

取消变形 (在自由变换模式下)【Esc】

二、图像调整

关闭当前图像【Ctrl】+【W】

清除【Shift】+【Alt】+【R】

去色【Ctrl】+【Shift】+【U】

反相【Ctrl】+【I】

三、选择功能

全部选取【Ctrl】+【A】

取消选择【Ctrl】+【D】

反向选择【Ctrl】+【Shift】+【I】或【Shift】+【F7】

四、视图操作

放大视图【Ctrl】+【+】

缩小视图【Ctrl】+【-】

五、图层操作

向下合并或合并链接图层【Ctrl】+【E】

合并可见图层【Ctrl】+【Shift】+【E】

盖印或盖印链接图层【Ctrl】+【Alt】+【E】

盖印可见图层【Ctrl】+【Alt】+【Shift】+【E】

后 记

俗话说"人过四十不学艺"，我们俩退休老头儿却从 60 岁开始自学起 PS 来。初衷只是用 PS 来修饰照片，不久便接触到了画意摄影，进而很快被这种独特的摄影艺术的无穷魅力所吸引。

你关心什么，就会去了解什么。我们浏览了自 1857 年"艺术摄影之父"雷兰德开创画意摄影直至 1992 年整个胶片时代画意摄影的代表作，继而观摩了自数码图像处理软件问世以来多位名家的代表作，从中汲取了丰富的艺术学养，同时也发现了画意摄影过往创作中的两个明显的缺陷：一是创作活动缺乏绘画艺术规范及其技法的指导，致使作品只能在画面的结构和色调上接近于绘画的视觉效果，而缺少绘画的笔触与肌理。二是创作者们没有探索出 PS 对接各类绘画艺术特征的功能与路径，致使多年来画意摄影创作呈现出作品体裁单一的尴尬局面。

我们想弥补以上缺陷，并为之付出了 7 年的努力。

在这 7 年中，我们得到了许多新老朋友与有关方面的热情鼓励和鼎力帮助。在本书付梓之际，请接受两个退休老头儿的衷心感谢：感谢我们的老朋友李多宽、张习武先生，是你们率先鼓励我们把个人习作勇敢地推介给社会。感谢文化部恭王府管理中心的领导，是你们不拘一格的眼光与兼容并蓄的魄力才使我们的作品得以"问世"。感谢中国摄影家协会、中国摄影出版社、《中国摄影》杂志社、中国文联美术艺术中心、中国国际书画研究院、《北京晚报》的领导和专家们的热情指导。感谢上海的金茹女士和季博青先生，为在北京和上海举办的展览给予鼎力帮助，同时感谢中国地震局地球物理研究所刘玉珍女士对本书给予热心指正。

作 者

2018 年 5 月

作者简介

李振宇　　　　　赵晓航

李振宇和赵晓航同为摄影爱好者，均为68岁。

他们在多年的画意摄影探索中，努力追求和实现"接近或相似于各画种的艺术特征与美感效果"的目标，自学使用Photoshop完成习作500余幅，并进行了以下学习和探索：

1. 观看影展、画展和古今中外各流派绘画作品，学习美术常识，接受艺术熏陶，强化美学感悟，提高审美水准。

2. 搜集、整理、消化、记忆中国画、西洋画中各画种的基本艺术特征及其创作手法。

3. 阅读各类摄影书籍，跟踪PS新功能，提高数码图像处理的技术水平。

4. 带着"画意"意识拍摄，并从自己的摄影素材库中选择与各画种相对应的创作素材。

通过上述学习与积累，促进画意摄影创作实现了以下两个突破：

1. 探索出了Photoshop功能与各画种的技法、笔触和肌理的对接路径，总结出了常规性、特殊性乃至规律性的创作手法，从而弥补了以往画意作品只能在结构、色调上接近绘画的缺陷。

2. 丰富了画意摄影的作品体裁，即以绘画的技法形式作为区分画种的依据，将中国画分为6种（工笔、写意、没骨、设色、水墨、仿古），将西洋画分为3种（素描、水彩、油画），再加上版画，一共10个画种，实现了画意摄影创作的体裁系列化。

2016年5月，他们的"让摄影走近绘画——画意摄影作品展"在北京恭王府艺术沙龙举办；同年7月，在上海某艺术沙龙展出了他们的部分作品，得到摄影界、美术界的领导和广大摄影爱好者的好评；同年11月，参加《中国摄影报》与江苏淮安市共同举办的"2016首届'郎静山杯'中国新画意摄影双年展"。

摄影爱好和画意摄影创作，充实了他们的退休生活，愉悦了他们的凡夫身心，故而乐此不倦。他们愿为画意摄影的普及与繁荣奉献微薄之力。

图书在版编目（CIP）数据

画意摄影图谱 / 李振宇，赵晓航著 . -- 北京：中国摄影出版社，2018.10

ISBN 978-7-5179-0813-5

Ⅰ . ①画… Ⅱ . ①李… ②赵… Ⅲ . ①数字照相机 – 图象处理②摄影艺术 Ⅳ . ① TP391.413 ② J41

中国版本图书馆 CIP 数据核字 (2018) 第 254316 号

画意摄影图谱

作　　者：李振宇　赵晓航

出 品 人：高　扬

策划编辑：郑丽君

责任编辑：丁　雪

装帧设计：冯　卓

出　　版：中国摄影出版社

　　　　　地址：北京市东城区东四十二条 48 号　邮编：100007

　　　　　发行部：010-65136125　65280977

　　　　　网址：www.cpph.com

　　　　　邮箱：distribution@cpph.com

印　　刷：北京地大彩印有限公司

开　　本：16 开

印　　张：11.5

版　　次：2019 年 4 月第 1 版

印　　次：2021 年 3 月第 2 次印刷

ISBN 978-7-5179-0813-5

定　　价：68.00 元